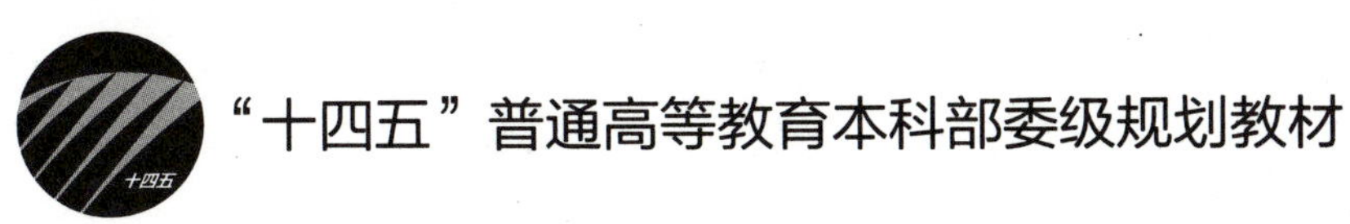

新编高等数学

主　编　柳世全　陶龙风　刘德成

中国纺织出版社有限公司

图书在版编目（CIP）数据

新编高等数学 / 柳世全，陶龙风，刘德成主编．北京：中国纺织出版社有限公司，2025．1．--（“十四五”普通高等教育本科部委级规划教材）．-- ISBN 978-7-5229-2325-3

Ⅰ．O13

中国国家版本馆 CIP 数据核字第 2024MT9399 号

责任编辑：顾文卓　向连英　　责任校对：王花妮　　责任印制：储志伟

中国纺织出版社有限公司出版发行
地址：北京市朝阳区百子湾东里 A407 号楼　邮政编码：100124
销售电话：010—67004422　传真：010—87155801
http://www.c-textilep.com
中国纺织出版社天猫旗舰店
官方微博 http://weibo.com/2119887771
三河市海新印务有限公司印刷　各地新华书店经销
2025 年 1 月第 1 版第 1 次印刷
开本：787×1092　1/16　印张：12.5
字数：237 千字　定价：45.00 元

编委会成员

前言

PREFACE

党的二十大报告指出：教育是国之大计、党之大计．培养什么人、怎样培养人、为谁培养人是教育的根本问题．育人的根本在于立德．全面贯彻党的教育方针，落实立德树人根本任务，培养德智体美劳全面发展的社会主义建设者和接班人．

本书以党的二十大报告为指引，为适应高等教育发展的需要，结合学生数学基础水平的实际，按照国家教育部对数学教育的要求，在参照经典教材的基础上编写了本书．

本书具有以下特点：

（1）知识体系完整．在编写过程中，重点突出数学的逻辑性，尊重数学发展的规律，无论是整体的知识梳理，还是具体知识点的讲解，都具有连贯性．本书用直白的语言讲述数学知识的发展、完善和再发展的过程，通俗易懂．

（2）难易适中．本书在编写过程中隐去了一些烦琐的证明，改成用直白的语言叙述，符合高职类院校对数学教学的需要；本书选择的例题简单且有代表性，充分体现了高职数学教学的特点．

（3）将课程思政融入教学中．在编写过程中，对各知识点的引入，都简单讲述了其历史发展的过程，在每章节的后面都附有学海乐园，讲述了数学史的发展过程，容易激发学生对学习数学的热情．

（4）便于学生的自学．本书章节完整，语言直白，实例具有针对性，习题具有层次性，易学易懂．

本书共有八章：第 1 章函数与极限，第 2 章导数与微分，第 3 章微分中值定理及导数的应用，第 4 章不定积分，第 5 章定积分及其应用，第 6 章常微分方程，第 7 章多元函数微分学，第 8 章二重积分．其中，第 1、第 2 章两章由柳世全老师编写，第 3 章由刘德成老师编写，第 4、第 5 章两章由江婷婷老师编写，第 6、第 7、第 8 章三章由陶龙风老师编写，全书由柳世全老师负责统稿．

本书在编写过程中，编者进行了反复校正，并得到了行内专家的指点，但由于编者水平有限，书中难免有疏漏之处，敬请广大读者提出宝贵意见和建议，以便进一步修订和完善.

编 者

2024 年 9 月

目
CONTENTS
录

第 1 章　函数与极限

函数是近代数学发展的产物，是探讨两个量之间依赖关系的一种方法，是高等数学的研究基础．极限是研究微积分的重要工具，微积分中的许多重要概念，如导数、定积分等，均是通过极限来定义的．本章将在了解函数概念的基础上，重点介绍函数极限的概念、性质及运算．

- 函数与极限
  - 函数
    - 函数的概念
    - 函数的性质
    - 分段函数
    - 反函数
    - 复合函数
    - 初等函数
  - 数列的极限
    - 数列极限的定义
    - 数列极限的性质
    - 数列极限的运算法则
  - 函数的极限
    - 邻域
    - 自变量趋于无穷大时函数的极限
    - 自变量趋于某数时函数的极限
    - 函数极限的性质
  - 无穷小量与无穷大量
    - 无穷小量
    - 无穷大量
    - 无穷小量与无穷大量的关系
  - 极限的运算法则与计算
    - 函数极限的四则运算法则
    - 常见类型函数极限求法
    - 两个重要极限
  - 函数的连续性
    - 增量的概念
    - 连续函数的概念
    - 连续函数的性质
    - 函数的间断点

刘徽及割圆术

刘徽(约 225—约 295)，魏晋时期伟大的数学家．他撰写的《九章算术注》就是数学史上著名的“割圆术”．刘徽的“割圆术”将极限和无穷小分割引入数学证明．割圆术是一种用圆内接正多边形面积无限逼近圆面积的方法来计算圆周率．这种方法在当时是一种创新的数学技巧，能够有效地提高圆周率的精确度．

刘徽的割圆术不仅提升了圆周率计算的精度，而且展现了魏晋时期中国数学家的高超智慧和深邃思考．它不仅是中国古代数学发展的一个亮点，也对全人类科学技术的发展作出了重要贡献．刘徽的割圆术和他的科学精神一直激励着后世学者不断追求数学真理，推动了人类文明的进步．

1.1 函数

1.1.1 函数的概念

“函数”一词是由德国数学家莱布尼茨在 1692 年最初使用；1734 年，瑞士数学家欧拉引入了函数符号“$f(x)$”；1837 年，德国数学家狄利克雷首次给出了函数的定义；1859 年，清代数学家李善兰第一次将“function”译成“函数”；19 世纪 70 年代以后，随着集合概念的出现，函数的概念得以用更严谨的语言表达．

1.1.1.1 函数的定义

在研究自然、社会或技术的过程中，常常会遇到各种不同的量，一些量在整个研究过程中，始终保持一定的数值不变，这种量称为常量；而另外一些量在研究过程中是变化的，这种量称为变量．

例如，物体做自由落体运动时，物体的质量保持不变，是常量，但物体下落的速度和距离都在变化，是变量．

在同一过程中，往往会有几个变量是同时变化的，且它们之间存在相互依赖的关系，如匀速直线运动中：$S=vt$，速度 v 是常量，路程 S 与时间 t 是变量，S 随着 t 的变化而改变，这种变量之间相互依赖的关系，用数学语言描述出来就得到了函数的定义．

定义 1 设 A，B 为两个非空数集，若对于集合 A 中的每一个变量 x，通过某种对应法则f，在B中都有唯一的变量y与之对应，则称y是x的函数，记作$y=f(x)$.

这里x称为自变量，y称为因变量或函数；集合A称为函数的定义域，相应的y值的集合称为函数的值域；f是函数符号，表示y与x的对应规则，称为函数的对应法则．有时函数符号也可以用其他字母来表示，如$y=g(x)$或$y=\varphi(x)$等．

由函数的定义可知，确定一个函数本质上只需要确定它的定义域和对应法则，当两个函数的定义域和对应法则相同时，即为同一函数．函数的定义域就是使函数有意义的自变量的取值范围．当x取某一具体值$x_0\in A$时，与x_0对应的y的值称为函数$y=f(x)$在$x=x_0$时的函数值，记作$f(x_0)$．全体函数值的集合$M=\{y\,|\,y=f(x),\ x\in A\}$称为函数的值域．

函数的定义域、值域、对应法则称为函数的三要素．

例 1-1 判断函数$y=x$与$y=(\sqrt{x})^2$是否为同一函数．

【解】 $y=x$的定义域是$\mathbf{R}$，$y=(\sqrt{x})^2$的定义域是$[0,+\infty)$.

两函数的定义域不同，所以这两个函数不是同一函数．

例 1-2 求下列函数的定义域：

(1)$y=\dfrac{1}{x^2-x-6}$；

(2)$y=\sqrt{x^2-4}$；

(3)$y=\ln(2x-3)$；

(4)$y=\dfrac{1}{\sqrt{x+2}}$.

【解】 (1)函数的表达式是分式的形式，要使函数有意义，则分母不能为0，即$x^2-x-6\neq0$，解得$x\neq-2$，$x\neq3$，所以函数的定义域是$(-\infty,-2)\cup(-2,3)\cup(3,+\infty)$；

(2)函数的表达式是二次根式，要使函数有意义，则被开方数为非负数，即$x^2-4\geqslant0$，解得$x\leqslant-2$，或$x\geqslant2$，所以函数的定义域是$(-\infty,-2]\cup[2,+\infty)$；

(3)函数的表达式是对数形式，要使函数有意义，则对数的真数大于0，即$2x-3>0$，解得$x>\dfrac{3}{2}$，所以函数的定义域是$\left(\dfrac{3}{2},+\infty\right)$；

(4)要使函数有意义，则$x+2>0$，解得$x>-2$，所以函数的定义域是$(-2,+\infty)$.

例 1-3 设函数$f(x)=x^2-2x-1$，求$f(3)$，$f(m)$，$f(x+1)$的值．

【解】 $f(3)=3^2-2\times3-1=2$；

$f(m)=m^2-2m-1$；

$f(x+1)=(x+1)^2-2(x+1)-1=x^2-2$.

1.1.1.2　函数的表示方法

函数的表示方法通常有三种：解析法、列表法、图像法．

解析法：以等量关系式的形式表示函数的方法称为解析法．如 $y=2x+1$，$y=\sin x$ 等．

列表法：以表格的形式表示函数的方法称为列表法．如通常所用的三角函数表、对数表等．

图像法：以图形的形式表示函数的方法称为图像法．在函数图像中能直观看出函数的特征和变化趋势．

1.1.2 函数的性质

一般地，为了全面了解一个函数的特征，往往需要从函数的单调性、奇偶性、周期性、有界性等方面加以研究．

1.1.2.1 单调性

函数的单调性又称为函数的增减性．

定义 2 设 D 为函数 $y=f(x)$ 的定义域，$E\subseteq D$，如果对于任意的 x_1，$x_2\in E$：

当 $x_1<x_2$ 时，都有 $f(x_1)<f(x_2)$，则称 $f(x)$ 为 E 上的单调增函数；

当 $x_1<x_2$ 时，都有 $f(x_1)>f(x_2)$，则称 $f(x)$ 为 E 上的单调减函数．

单调增函数和单调减函数统称为单调函数．如果 $f(x)$ 是区间 E 上的单调函数，则把区间 E 称为函数的单调区间．

例如：函数 $y=x^2$ 在 $(-\infty，0]$ 上是单调减函数，$(-\infty，0]$ 是函数的单调减区间；在 $[0，+\infty)$ 上是单调增函数，$[0，+\infty)$ 是函数的单调增区间．

单调函数的图像特征：单调增函数的图像从左到右逐渐上升；单调减函数的图像从左到右逐渐下降．根据函数图像的趋势也可以判断函数的单调性．

例 1-4 判断函数 $f(x)=2x-1$ 在 $\mathbf{R}$ 上的单调性．

【解】 设 $x_1<x_2$，x_1，$x_2\in\mathbf{R}$，则

$$f(x_1)-f(x_2)=(2x_1-1)-(2x_2-1)=2(x_1-x_2)<0,$$

即

$$f(x_1)<f(x_2),$$

从而可得函数 $f(x)=2x-1$ 在 $\mathbf{R}$ 上是单调增函数．

1.1.2.2 奇偶性

函数的奇偶性又称为函数的对称性．

定义 3 设函数 $f(x)$ 的定义域为 D，如果对于任意的 $x\in D$，都有：

$f(-x)=f(x)$，则称 $f(x)$ 为偶函数；

$f(-x)=-f(x)$，则称 $f(x)$ 为奇函数．

奇偶函数的定义域关于原点对称．既不是奇函数也不是偶函数的函数称为非奇非偶函数．

如图 1-1 所示，$y=x^3$ 是奇函数，$y=x^2$ 是偶函数．奇函数图像关于原点成中心对称，偶函数图像关于 y 轴成轴对称．

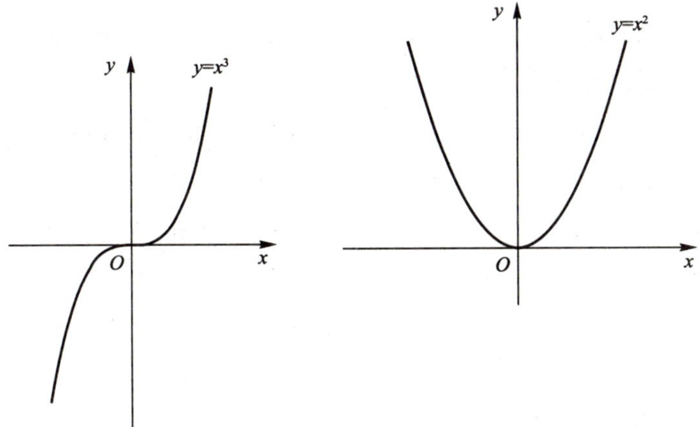

图 1-1　奇函数与偶函数图像

奇偶函数的运算性质：奇+奇=奇；偶+偶=偶；奇×奇=偶；奇×偶=奇；偶×偶=偶．

例 1-5 判断下列函数的奇偶性：

(1)$f(x)=x+x^3$；

(2)$f(x)=x^2+x^4$；

(3)$f(x)=x\sin x$；

(4)$f(x)=x\cos x$；

(5)$f(x)=x^2\cos x$.

【解】 以上函数的定义域均为 $\mathbf{R}$，则

(1)$f(-x)=-(x+x^3)=-f(x)$，函数 $f(x)$ 为奇函数；

(2)$f(-x)=x^2+x^4=f(x)$，函数 $f(x)$ 为偶函数；

(3)$f(-x)=x\sin x=f(x)$，函数 $f(x)$ 为偶函数；

(4)$f(-x)=-x\cos x=-f(x)$，函数 $f(x)$ 为奇函数；

(5)$f(-x)=x^2\cos x=f(x)$，函数 $f(x)$ 为偶函数．

1.1.2.3　周期性

定义 4 设函数 $f(x)$ 的定义域为 D，如果存在一个不为零的实数 T，使得对于任意的 $x\in D$，都有 $f(x+T)=f(x)$，且 $x+T\in D$，则称 $f(x)$ 是以 T 为周期的周期函数．

当 T 为函数的周期时，$t=mT(m\in\mathbf{Z})$ 都是函数的周期，通常所说的周期一般是指函数的最小正周期．

例如：函数 $y=\sin x$，$y=\cos x$ 的最小正周期都是 2π，函数 $y=\tan x$，$y=\cot x$ 的最小正周期都是 π.

1.1.2.4 有界性

定义 5 设函数 $f(x)$ 在 E 上有定义，如果存在常数 m，M，使得对于任意的 $x\in E$，都有 $m\leqslant f(x)\leqslant M$，则称函数 $f(x)$ 在 E 上有界，称 $f(x)$ 是 E 上的有界函数．

函数有界的定义也可以如下叙述：

定义 6 设函数 $f(x)$ 在 E 上有定义，如果存在正数 M，使得对于任意的 $x\in E$，都有 $|f(x)|\leqslant M$，则称函数 $f(x)$ 在 E 上有界，称 $f(x)$ 是 E 上的有界函数．

例如，函数 $y=\sin x$ 在 $\mathbf{R}$ 上是有界函数，因为任意 $x\in\mathbf{R}$，都有 $|\sin x|\leqslant 1$. 而对于函数 $y=2^x$，当 $x\in(-\infty,0]$ 时，$0<y\leqslant 1$；当 $x\in[0,+\infty)$ 时，$y\geqslant 1$. 故当 $x\in(-\infty,0]$ 时，函数 $y=2^x$ 是有界函数；当 $x\in[0,+\infty)$ 时，函数 $y=2^x$ 是无界函数．因此，函数的有界性是相对于某一区间而言的．

常见的有界函数有：$y=\sin x$，$y=\cos x$，$y=\arctan x$，$y=\operatorname{arccot} x$.

1.1.3 分段函数

在函数的表达中有这样一类函数，它们在定义域的不同区间，其解析式不同，这类函数称为分段函数．例如：

(1) 绝对值函数 $y=|x|=\begin{cases}x, & x\geqslant 0,\\ -x, & x<0.\end{cases}$

(2) 符号函数 $y=\operatorname{sgn}x=\begin{cases}1, & x>0,\\ 0, & x=0,\\ -1, & x<0.\end{cases}$

(3) 取整函数 $y=[x]=n$，$n\leqslant x<n+1$，$n\in\mathbf{Z}$.

根据取整函数的定义可以看出，记号 $[x]$ 表示不超过 x 的最大整数，例如 $[-1.5]=-2$，$[-0.5]=-1$，$[0.5]=0$，$[1.5]=1$ 等．

上述三个函数的图像如图 1-2 所示．

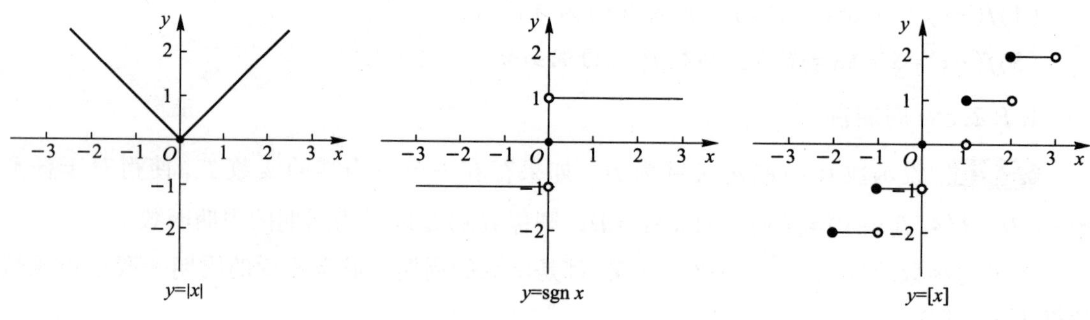

图 1-2 分段函数图像

分段函数的定义域为各段定义域的并集．如分段函数 $y=\begin{cases}-x+1, & -2\leqslant x<0\\ x-1, & 0\leqslant x<3\end{cases}$ 的定义域为 $[-2,0)\cup[0,3)=[-2,3)$.

例 1-6 设有分段函数 $y=\begin{cases}-x^2+1, & x<0,\\ 2x-1, & x\geqslant 0.\end{cases}$ 求 $f(2)$，$f(0)$，$f(-2)$的值．

【解】 $f(2)=2\times2-1=3$；

$f(0)=2\times0-1=-1$；

$f(-2)=-2^2+1=-3$.

1.1.4 反函数

在函数中，自变量与因变量的地位是相对的．例如，在函数 $y=x+1$ 中，x 是自变量，y 是因变量．由这个式子可得 $x=y-1$，这也是一个函数，此时 y 是自变量，x 是因变量．上面两个式子反映了同一变化过程中两个变量之间地位的相对性，称它们互为反函数．由此可得反函数的定义：

定义 7 设函数 $y=f(x)$，其定义域为 D，值域为 M，如果对于任意 $y\in M$，都有唯一的 $x\in D$ 与之对应，则称 x 是 y 的函数，记作 $x=f^{-1}(y)$，此时称 $y=f(x)$ 与 $x=f^{-1}(y)$ 互为反函数．

在函数的表达式中，习惯上用 x 表示自变量，y 表示因变量，故通常把 $x=f^{-1}(y)$ 改写成 $y=f^{-1}(x)$ 的形式，即 $y=f(x)$ 的反函数为 $y=f^{-1}(x)$.

由定义可得求反函数的步骤为：

(1) 先由 $y=f(x)$ 解得 $x=f^{-1}(y)$；

(2) 互换 x，y，得到反函数 $y=f^{-1}(x)$.

例 1-7 求 $y=2x+3$ 的反函数．

【解】 由 $y=2x+3$，得 $x=\dfrac{y-3}{2}$，所以原函数的反函数为 $y=\dfrac{x-3}{2}$.

1.1.5 复合函数

在实际问题中，有时两个变量之间的联系不是直接的．例如，在函数 $y=\sin3x$ 中，函数值不是由自变量 x 来直接确定的，而是通过 $3x$ 来确定的．如果用 u 来表示 $3x$，那么函数 $y=\sin3x$ 就可以表示成 $y=\sin u$，$u=3x$，这就说明了 y 与 x 的函数关系是通过变量 u 来确定的．我们把它称为复合函数，由此可得复合函数的定义：

定义 8 如果 y 是 u 的函数 $y=f(u)$，u 又是 x 的函数 $u=\varphi(x)$，则称 y 是 x 的复合函数，记作 $y=f[\varphi(x)]$，其中 u 称为中间变量．

一个复合函数也可以是由多个函数复合而成的，例如 $y=\ln u$，$u=v^2$，$v=x+1$，则所得的复合函数为 $y=\ln(x+1)^2$，其中 u，v 为中间变量．

利用复合函数的概念，可以把一个比较复杂的函数分解成若干个简单的函数，这给我们在探讨函数关系时带来了方便．

例 1-8 写出下列函数的复合过程：

(1) $y=\sqrt{x+1}$；　　　　(2) $y=2e^{x^2+1}$.

【解】 (1) $y=\sqrt{u}$，$u=x+1$；

(2) $y=2u$，$u=e^v$，$v=x^2+1$.

1.1.6 初等函数

微积分研究的对象主要为初等函数，而初等函数又是由基本初等函数组成的，本节将依次介绍基本初等函数和初等函数．

我们在中学学习过的六大类函数：常量函数、幂函数、指数函数、对数函数、三角函数和反三角函数统称为基本初等函数．下面对其图像和性质作简单介绍：

1.1.6.1 常量函数 $y=c$

常量函数 $y=c$ 的图像是一条平行于 x 轴的直线，如图 1-3 所示，定义域为 $(-\infty, +\infty)$，与 y 轴的交点为 $(0, c)$，它是偶函数．

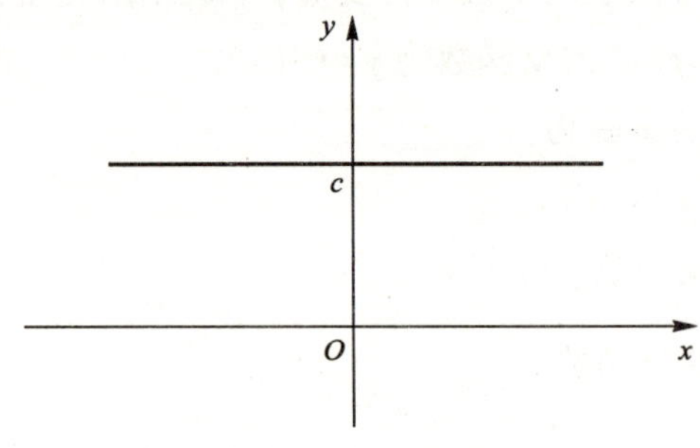

图 1-3　常量函数

1.1.6.2 幂函数 $y=x^\alpha$（α 为实数）

幂函数的共同特点比较少，当指数 α 取不同的值时，其定义域也不相同，但在第一象限，幂函数根据指数 α 的正负有相同的性质．

当 $\alpha>0$ 时，函数的图像都过原点 $(0, 0)$ 和点 $(1, 1)$，在 $(0, +\infty)$ 内是单调增函数，如图 1-4 所示．

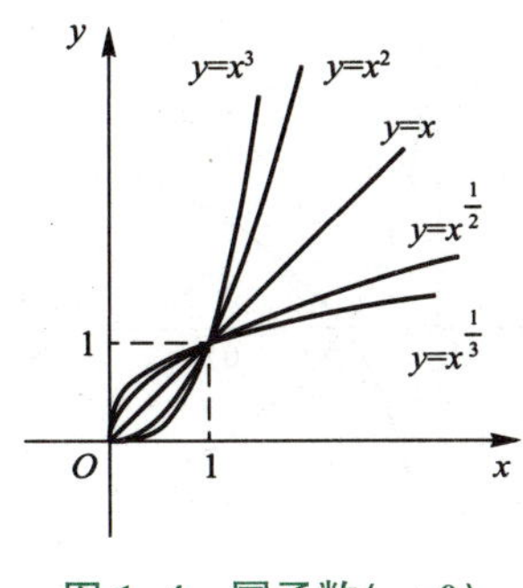

图 1-4　幂函数($\alpha>0$)

当 $\alpha<0$ 时，函数的图像都过点(1，1)，在(0，$+\infty$)内是单调减函数，两坐标轴是其渐近线，如图 1-5 所示．

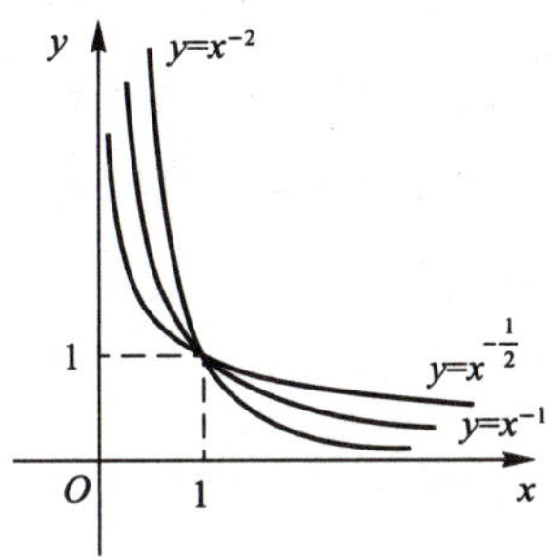

图 1-5　幂函数($\alpha<0$)

1.1.6.3　指数函数 $y=a^x(a>0，a\neq1)$

它的定义域为($-\infty$，$+\infty$)，值域为(0，$+\infty$)，图像都落在 x 轴的上方，都经过点(0，1)．当 $a>1$ 时，是单调增函数；当 $0<a<1$ 时，是单调减函数，如图 1-6 所示．

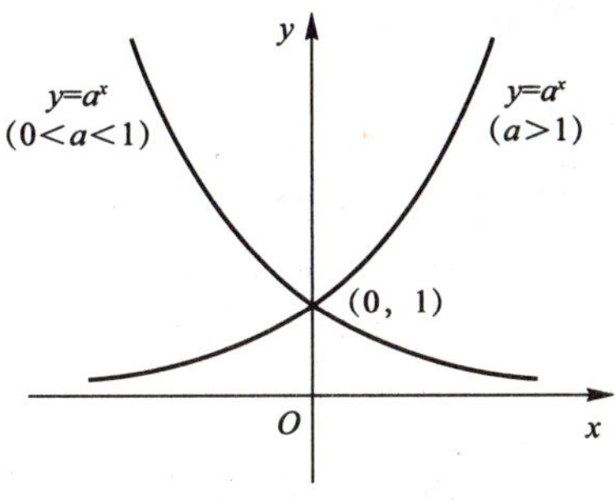

图 1-6　指数函数

1.1.6.4　对数函数 $y=\log_a x(a>0，a\neq1)$

它的定义域为(0，$+\infty$)，值域为($-\infty$，$+\infty$)，图像都落在 y 轴的右边，都经过点(1，0)．当 $a>1$ 时，是单调增函数；当 $0<a<1$ 时，是单调减函数，如图 1-7 所示．

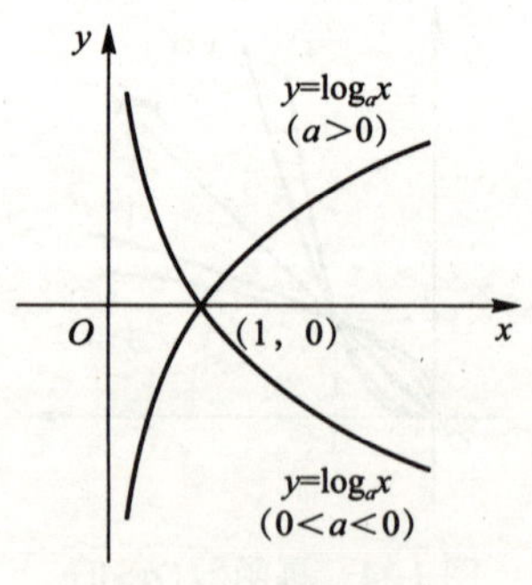

图 1-7　对数函数

1.1.6.5　三角函数

三角函数有六个，分别为：正弦函数 $y=\sin x$，余弦函数 $y=\cos x$，正切函数 $y=\tan x$，余切函数 $y=\cot x$，正割函数 $y=\sec x$，余割函数 $y=\csc x$.

正弦函数 $y=\sin x$ 的定义域为$(-\infty,+\infty)$，值域为$[-1,1]$，是奇函数，最小正周期为 2π，是有界函数，如图 1-8 所示.

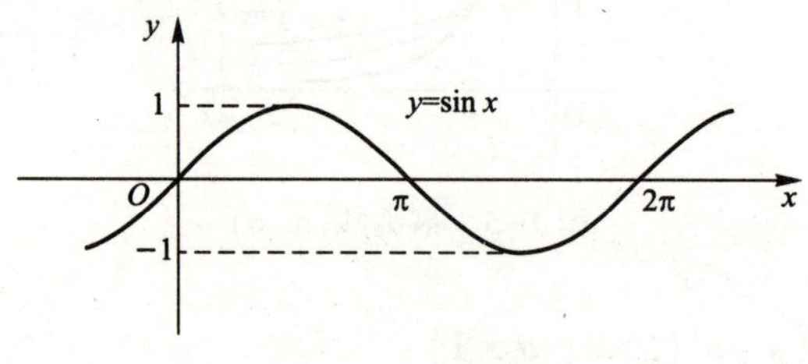

图 1-8　正弦函数

余弦函数 $y=\cos x$ 的定义域为$(-\infty,+\infty)$，值域为$[-1,1]$，是偶函数，最小正周期为 2π，是有界函数，如图 1-9 所示.

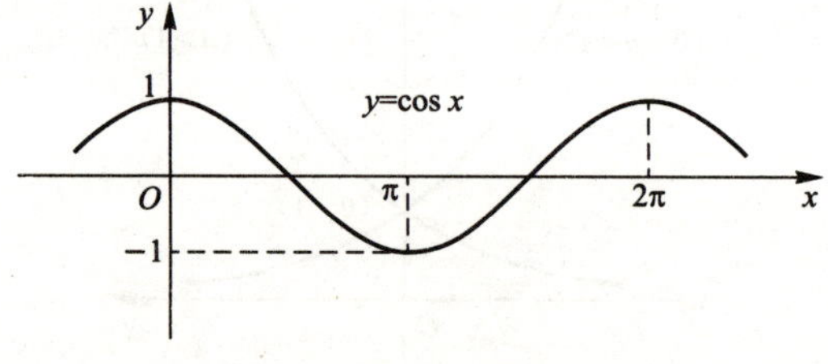

图 1-9　余弦函数

正切函数 $y=\tan x$ 的定义域为 $x\neq k\pi+\dfrac{\pi}{2}(k\in\mathbf{Z})$，值域为$(-\infty,+\infty)$，是奇函数，最小正周期为 π，在每一个周期内是单调增函数，如图 1-10 所示.

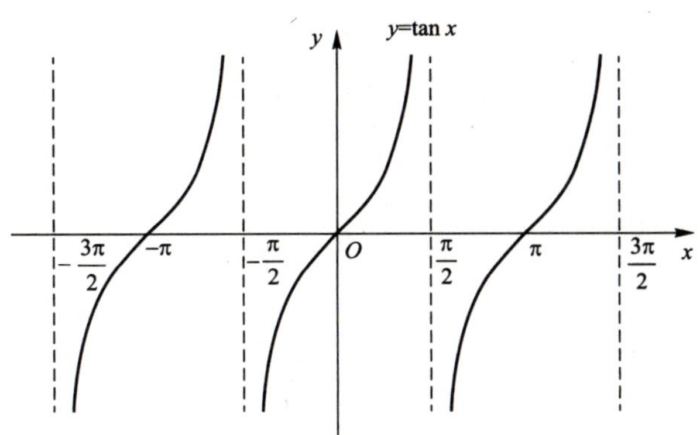

图 1-10　正切函数

余切函数 $y=\cot x$ 的定义域为 $x\neq k\pi(k\in Z)$，值域为 $(-\infty, +\infty)$，是奇函数，最小正周期为 π，在每一个周期内是单调减函数，如图 1-11 所示．

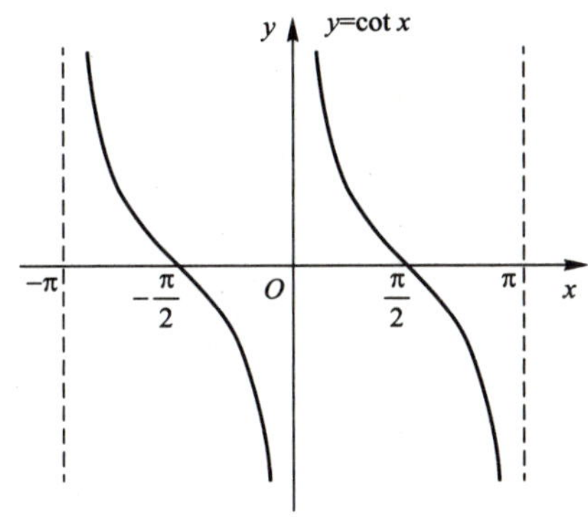

图 1-11　余切函数

三角函数之间有如下的关系：

(1)平方关系：$\sin^2x+\cos^2x=1$；$1+\tan^2x=\sec^2x$；$1+\cot^2x=\csc^2x$.

(2)倒数关系：$\sin x\csc x=1$；$\cos x\sec x=1$；$\tan x\cot x=1$.

1.1.6.6　反三角函数

常用的反三角函数有四个：反正弦函数 $y=\arcsin x$，反余弦函数 $y=\arccos x$，反正切函数 $y=\arctan x$，反余切函数 $y=\operatorname{arccot} x$，它们是相应的三角函数的反函数．

反正弦函数 $y=\arcsin x$ 的定义域为 $[-1, 1]$，值域为 $\left[-\frac{\pi}{2}, \frac{\pi}{2}\right]$，是单调增加的奇函数，有界，如图 1-12 所示．

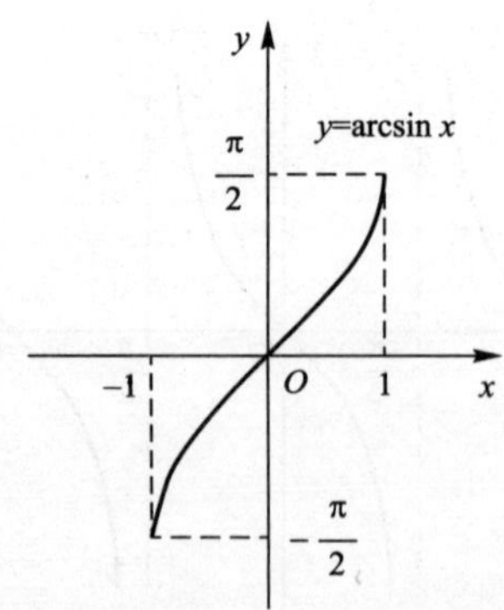

图 1-12　反正弦函数

反余弦函数 $y=\arccos x$ 的定义域为 $[-1, 1]$，值域为 $[0, \pi]$，是单调减函数，有界，如图 1-13 所示 .

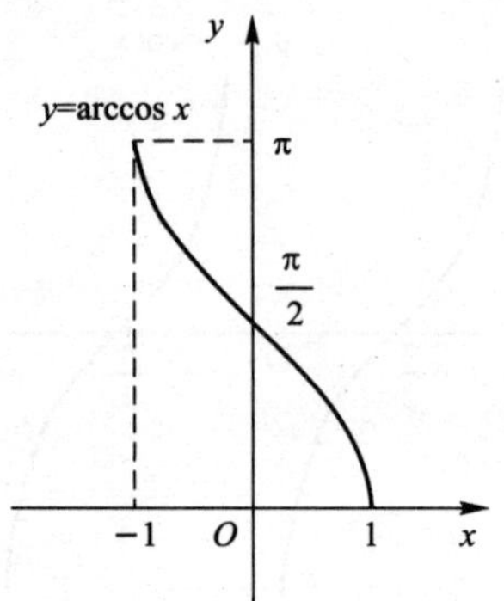

图 1-13　反余弦函数

反正切函数 $y=\arctan x$ 的定义域为 $(-\infty, +\infty)$，值域为 $\left(-\frac{\pi}{2}, \frac{\pi}{2}\right)$，是单调增加的奇函数，有界，如图 1-14 所示 .

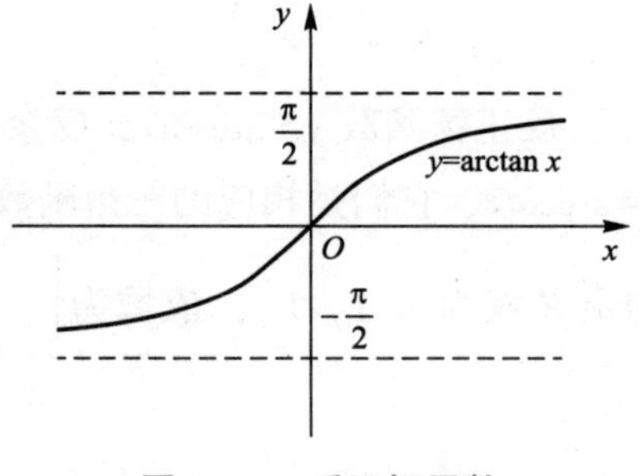

图 1-14　反正切函数

反余切函数 $y=\operatorname{arccot} x$ 的定义域为 $(-\infty, +\infty)$，值域为 $(0, \pi)$，是单调减函数，有界，如图 1-15 所示 .

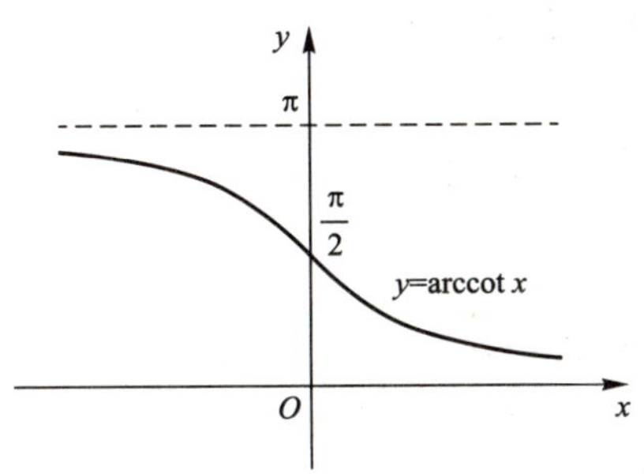

图 1-15 反余切函数

由基本初等函数经过有限次四则运算和复合所构成的能用一个解析式表示的函数，称为初等函数．

例如，$y=\ln x+\mathrm{e}^x$，$y=\sqrt{\sin(x^2+1)}$ 等都是初等函数．

分段函数一般不是初等函数，如符号函数 $y=\operatorname{sgn}x$ 和取整函数 $y=[x]$ 都不是初等函数，但绝对值函数既可以分段表示 $y=|x|=\begin{cases}x, & x\geqslant 0,\\ -x, & x<0,\end{cases}$ 也可以用一个解析式表示 $y=|x|=\sqrt{x^2}$，故绝对值函数是初等函数．在后面的学习中，我们所讨论的函数一般是初等函数．

习题 1.1

一、选择题

1. 下列函数中，是相同函数的是(　　)．

A. $f(x)=\dfrac{x^2-1}{x+1}$ 与 $g(x)=x-1$　　B. $f(x)=\cos^2 x$ 与 $g(x)=1-\sin^2 x$

C. $f(x)=\mathrm{e}^{\ln x}$ 与 $g(x)=x$　　D. $f(x)=\sin(\arcsin x)$ 与 $g(x)=x$

2. 函数 $y=\dfrac{\sqrt{9-x^2}}{\ln(x+2)}$ 的定义域为(　　)．

A. $[-2, 3]$　　B. $[-3, 3]$

C. $(-2, -1)\cup(-1, 3]$　　D. $(-3, 3)$

3. 函数 $y=x^3$ 在区间 $[-3, 3]$ 上不是(　　)．

A. 奇函数　　B. 单调函数　　C. 有界函数　　D. 周期函数

4. 函数 $y=2+\lg 3x$ 的反函数是(　　)．

A. $x=\dfrac{10^{y-2}}{3}$　　B. $x=\dfrac{\mathrm{e}^{y-2}}{3}$　　C. $y=\dfrac{10^{x-2}}{3}$　　D. $y=\dfrac{\mathrm{e}^{x-2}}{3}$

5. 下列函数中，是奇函数的为(　　)．

A. $y=x^4+\cos x$　　B. $y=\dfrac{a^x-a^{-x}}{2}$　　C. $y=x+6$　　D. $y=|x\cos x|$

6. 下列函数中不是基本初等函数的为(　　).

A. $y=\sin(x-1)$　　B. $y=\sqrt{\dfrac{1}{x}}$　　C. $y=e^{-x}$　　D. $y=10^{\sqrt{x}}$

二、填空题

1. 函数 $y=\ln\dfrac{1}{1-x}+\sqrt{x+2}$ 的定义域是________.

2. 设 $f(x)=x^3+x^2+1$，则 $f[f(1)]=$________.

3. 函数 $y=2e^x+1$ 的反函数是________.

4. 设 $f(x)=e^{1-x^2}$，$\varphi(x)=\cos x$，则 $f[\varphi(x)]=$________.

三、解答题

1. 求下列函数的定义域.

(1) $y=\dfrac{4x}{x^2-3x+2}$；　　(2) $y=\sqrt{(x-1)(x-2)(x-3)}$；

(3) $y=\ln\cos x$；　　(4) $y=\sqrt[3]{\dfrac{1}{x-2}}-\ln(2x-3)$.

2. 判断下列函数的奇偶性.

(1) $y=3x^3-\sqrt[3]{x}$；　　(2) $y=\dfrac{e^x+e^{-x}}{2}$；

(3) $y=\ln\dfrac{1-x}{1+x}$；　　(4) $y=x^2+x$.

3. 设 $f(x)=\begin{cases}-(x+1), & x\leqslant -1,\\ \sqrt{1-x^2}, & -1<x\leqslant 1,\\ 0, & x>1,\end{cases}$ 求 $f(-2)$，$f(0)$，$f(2)$.

4. 求下列函数的反函数.

(1) $y=\sqrt[3]{x+1}$；　　(2) $y=\dfrac{2^x}{1+2^x}$；

(3) $y=\dfrac{1}{3}\arcsin\dfrac{x}{2}$；　　(4) $y=\dfrac{1}{2}\log_3 x-\dfrac{5}{2}$.

5. 指出下列各复合函数的复合过程.

(1) $y=e^{x^2}$；　　(2) $y=\tan^3(1-x)$；

(3) $y=\cos e^{\sqrt{x^2+1}}$；　　(4) $y=\sin\left(\arcsin\dfrac{2x}{1+x^2}\right)$.

1.2　数列的极限

极限是高等数学中最重要的概念之一，是研究微积分的重要工具．早在春秋战国时期，古人就有了对极限的思考．道家学派代表人物庄子在《庄子·天下篇》中记载："一尺之棰，日取其半，万世不竭．"意思是说，把一尺长的木棒，每天取下前一天所剩的一半，如此下去，永远也取不完．也就是说，剩余部分会逐渐趋于零，但是永远不会是零，这是极限出现的雏形．

1.2.1　数列极限的定义

数列就是按照一定顺序排成的一列数：x_1，x_2，…，x_n，…，记作$\{x_n\}$．其中每一个数称为数列的项，第 n 项 x_n 称为数列的通项．

在给出数列极限的定义之前，我们先来看如下具体的数列：

(1)$1, \frac{1}{2}, \frac{1}{3}, \cdots, \frac{1}{n}, \cdots$；

(2)$1, \frac{1}{2^2}, \frac{1}{3^2}, \cdots, \frac{1}{n^2}, \cdots$；

(3)$\frac{1}{2}, \frac{1}{2^2}, \frac{1}{2^3}, \cdots, \frac{1}{2^n}, \cdots$；

(4)$2, \frac{3}{2}, \frac{4}{3}, \cdots, \frac{n+1}{n}, \cdots$.

以上数列有一个共同的特点，就是随着项的无限增加，它们会无限接近于某一个常数，我们把这一类型的数列称为收敛数列，这个固定的常数称为数列的极限．于是可得数列极限的定义：

定义 9　对于数列$\{x_n\}$，当 n 无限增大时，x_n 无限趋于一常数 A，则称 A 为$\{x_n\}$的极限．记作：

$$\lim_{n\to\infty} x_n = A \text{ 或 } x_n \to A(n\to\infty).$$

此时称$\{x_n\}$为收敛数列；否则，若数列$\{x_n\}$的极限不存在，则称它为发散数列．

以上四个数列的极限可表示为：$\lim\limits_{n\to\infty}\frac{1}{n}=0$；$\lim\limits_{n\to\infty}\frac{1}{n^2}=0$；$\lim\limits_{n\to\infty}\frac{1}{2^n}=0$；$\lim\limits_{n\to\infty}\frac{n+1}{n}=1$. 常数列的极限是它本身，即$\lim\limits_{n\to\infty}C=C$($C$ 为常数).

1.2.2 数列极限的性质

性质 1(唯一性)　若$\{x_n\}$收敛，则$\{x_n\}$极限是唯一的.

性质 2(有界性)　若$\{x_n\}$收敛，则$\{x_n\}$一定有界.

性质 3(保号性)　若$\{x_n\}$收敛于A，且$A>0$(或$A<0$)，则数列$\{x_n\}$从某项起，都有$x_n>0$(或$x_n<0$).

性质 4(夹逼定理)　若数列$\{x_n\}$，$\{y_n\}$，$\{z_n\}$的极限均存在，且满足：

(1) $x_n<y_n<z_n$;

(2) $\lim\limits_{n\to\infty}x_n=\lim\limits_{n\to\infty}z_n=A$.

则有$\lim\limits_{n\to\infty}y_n=A$.

1.2.3 数列极限的运算法则

定理 1　若数列$\{x_n\}$，$\{y_n\}$的极限都存在，且$\lim\limits_{n\to\infty}x_n=A$，$\lim\limits_{n\to\infty}y_n=B$，则：

(1) $\lim\limits_{n\to\infty}(x_n\pm y_n)=\lim\limits_{n\to\infty}x_n\pm\lim\limits_{n\to\infty}y_n=A\pm B$;

(2) $\lim\limits_{n\to\infty}(x_n\cdot y_n)=\lim\limits_{n\to\infty}x_n\cdot\lim\limits_{n\to\infty}y_n=A\cdot B$;

(3) $\lim\limits_{n\to\infty}\dfrac{x_n}{y_n}=\dfrac{\lim\limits_{n\to\infty}x_n}{\lim\limits_{n\to\infty}y_n}=\dfrac{A}{B}(B\neq0)$.

推论

(1) $\lim\limits_{n\to\infty}(Cx_n)=\mathrm{C}\lim\limits_{n\to\infty}x_n=CA$($C$为常数);

(2) $\lim\limits_{n\to\infty}(x_n)^m=(\lim\limits_{n\to\infty}x_n)^m=A^m$.

例 1-9　求$\lim\limits_{n\to\infty}\dfrac{2n+3}{6n-1}$.

【解】　$\lim\limits_{n\to\infty}\dfrac{2n+3}{6n-1}=\lim\limits_{n\to\infty}\dfrac{2+\dfrac{3}{n}}{6-\dfrac{1}{n}}=\dfrac{1}{3}$.

例 1-10　求$\lim\limits_{n\to\infty}\sqrt{\dfrac{n}{n+1}}$.

【解】　$\lim\limits_{n\to\infty}\sqrt{\dfrac{n}{n+1}}=\sqrt{\lim\limits_{n\to\infty}\dfrac{n}{n+1}}=\sqrt{\lim\limits_{n\to\infty}\dfrac{1}{1+\dfrac{1}{n}}}=1$.

例 1-11　求$\lim\limits_{n\to\infty}(\sqrt{n+1}-\sqrt{n})$.

【解】　$\lim\limits_{n\to\infty}(\sqrt{n+1}-\sqrt{n})=\lim\limits_{n\to\infty}\frac{(\sqrt{n+1}-\sqrt{n})(\sqrt{n+1}+\sqrt{n})}{(\sqrt{n+1}+\sqrt{n})}$

$$=\lim_{n\to\infty}\frac{1}{\sqrt{n+1}+\sqrt{n}}$$

$$=0.$$

例 1-12　求$\lim\limits_{n\to\infty}\left[\frac{1}{1\times2}+\frac{1}{2\times3}+\cdots+\frac{1}{n(n+1)}\right]$.

【解】　$\lim\limits_{n\to\infty}\left[\frac{1}{1\times2}+\frac{1}{2\times3}+\cdots+\frac{1}{n(n+1)}\right]=\lim\limits_{n\to\infty}\left(1-\frac{1}{2}+\frac{1}{2}-\frac{1}{3}+\cdots+\frac{1}{n}-\frac{1}{n+1}\right)$

$$=\lim_{n\to\infty}\left(1-\frac{1}{n+1}\right)$$

$$=1.$$

例 1-13　求$\lim\limits_{n\to\infty}\left(\frac{1}{n^2}+\frac{2}{n^2}+\cdots+\frac{n}{n^2}\right)$.

【解】　$\lim\limits_{n\to\infty}\left(\frac{1}{n^2}+\frac{2}{n^2}+\cdots+\frac{n}{n^2}\right)=\lim\limits_{n\to\infty}\frac{n(n+1)}{2n^2}=\frac{1}{2}$.

例 1-14　求$\lim\limits_{n\to\infty}\frac{n!}{n^n}$.

【解】　由于

$$0<\frac{n!}{n^n}=\frac{1}{n}\cdot\frac{2}{n}\cdot\cdots\cdot\frac{n}{n}<\frac{1}{n}\cdot1\cdot1\cdot\cdots\cdot1=\frac{1}{n},$$

而

$$\lim_{n\to\infty}0=\lim_{n\to\infty}\frac{1}{n}=0,$$

故由夹逼定理得：

$$\lim_{n\to\infty}\frac{n!}{n^n}=0.$$

例 1-15　求$\lim\limits_{n\to\infty}\left(\frac{1}{n^2+1}+\frac{1}{n^2+2}+\cdots+\frac{1}{n^2+n}\right)$.

【解】　因为

$$0<\frac{1}{n^2+1}+\frac{1}{n^2+2}+\cdots+\frac{1}{n^2+n}<\frac{1}{n^2}+\frac{1}{n^2}+\cdots+\frac{1}{n^2}=\frac{1}{n},$$

且

$$\lim_{n\to\infty}0=\lim_{n\to\infty}\frac{1}{n}=0.$$

所以

$$\lim_{n\to\infty}\left(\frac{1}{n^2+1}+\frac{1}{n^2+2}+\cdots+\frac{1}{n^2+n}\right)=0.$$

例 1-16 求$\lim\limits_{n\to\infty}\left(\frac{1}{\sqrt{n^2+1}}+\frac{1}{\sqrt{n^2+2}}+\cdots+\frac{1}{\sqrt{n^2+n}}\right)$.

【解】 因为

$$\frac{1}{\sqrt{n^2+1}}+\frac{1}{\sqrt{n^2+2}}+\cdots+\frac{1}{\sqrt{n^2+n}}>\frac{1}{\sqrt{n^2+n}}+\frac{1}{\sqrt{n^2+n}}+\cdots+\frac{1}{\sqrt{n^2+n}}=\frac{n}{\sqrt{n^2+n}},$$

$$\frac{1}{\sqrt{n^2+1}}+\frac{1}{\sqrt{n^2+2}}+\cdots+\frac{1}{\sqrt{n^2+n}}<\frac{1}{\sqrt{n^2+1}}+\frac{1}{\sqrt{n^2+1}}+\cdots+\frac{1}{\sqrt{n^2+1}}=\frac{n}{\sqrt{n^2+1}},$$

即有

$$\frac{n}{\sqrt{n^2+n}}<\frac{1}{\sqrt{n^2+1}}+\frac{1}{\sqrt{n^2+2}}+\cdots+\frac{1}{\sqrt{n^2+n}}<\frac{n}{\sqrt{n^2+1}},$$

而

$$\lim_{n\to\infty}\frac{n}{\sqrt{n^2+n}}=\lim_{n\to\infty}\frac{n}{\sqrt{n^2+1}}=1,$$

所以

$$\lim_{n\to\infty}\left(\frac{1}{\sqrt{n^2+1}}+\frac{1}{\sqrt{n^2+2}}+\cdots+\frac{1}{\sqrt{n^2+n}}\right)=1.$$

习题 1.2

一、选择题

1. 设 A 是一个常数，且$\lim\limits_{n\to\infty}x_n=A$，则数列$\{x_n-A\}$(　　).

A. 单调增加且收敛　　B. 单调减少且收敛

C. 发散　　D. 收敛于零

2. 当 $n\to\infty$ 时，下列数列的极限存在的是(　　).

A. $x_n=n\sin\frac{n\pi}{2}$　　B. $x_n=n$

C. $x_n=\frac{2^n+(-1)^n}{2^n}$　　D. $x_n=\left(\frac{1}{2}\right)^{-n}$

3. 当 $n\to\infty$ 时，下列数列的极限不存在的是(　　).

A. $x_n=\sqrt{\frac{n^2+1}{n}}$　　B. $x_n=(-1)^n\frac{1}{n}$

C. $x_n=\dfrac{2n+3}{n+1}$　　　　D. $x_n=\sqrt{\dfrac{n}{n+1}}$

二、填空题

1. $\lim\limits_{n\to\infty}(\sqrt{n^2+n}-n)=$ ________.

2. $\lim\limits_{n\to\infty}\dfrac{n-1}{4n^2+3}=$ ________.

3. $\lim\limits_{n\to\infty}\left[\dfrac{1}{1\cdot 2}+\dfrac{1}{2\cdot 3}+\cdots+\dfrac{1}{n(n+1)}\right]=$ ________.

三、解答题

1. $\lim\limits_{n\to\infty}\dfrac{2n+3}{n^2-1}$;

2. $\lim\limits_{n\to\infty}\dfrac{3n^2-4}{4n^2+3}$;

3. $\lim\limits_{n\to\infty}\dfrac{2^{n+1}+3^{n+1}}{2^n+3^n}$;

4. $\lim\limits_{n\to\infty}\dfrac{2\cdot 3^n+3\cdot(-2)^n}{3^n}$;

5. $\lim\limits_{n\to\infty}\dfrac{\sqrt[4]{n^3+1}}{n+1}$;

6. $\lim\limits_{n\to\infty}\dfrac{1+3+5+\cdots+(2n-1)}{2+4+6+\cdots+2n}$;

7. $\lim\limits_{n\to\infty}(\sqrt{2}\cdot\sqrt[4]{2}\cdot\sqrt[8]{2}\cdot\cdots\cdot\sqrt[2^n]{2})$;

8. $\lim\limits_{n\to\infty}\left(\dfrac{1}{n^2+n+1}+\dfrac{2}{n^2+n+2}+\cdots+\dfrac{n}{n^2+n+n}\right)$.

1.3　函数的极限

数列可以看作是定义在正整数集上的函数，我们可以将数列的极限理论推广到函数中，并用极限理论来研究函数的变化趋势．在探讨数列极限时，其自变量 n 的变化过程只有一种，即 $n\to\infty$，但在函数 $y=f(x)$ 中，自变量 x 的变化过程有多种可能性，下面一一作说明．

1.3.1 邻域

邻域是某数附近的数组成的区间，它有两种情况：

(1)邻域．设 a 与 δ 是两个实数，且 $\delta>0$，则称数集 $\{x \mid |x-a|<\delta\}$ 为点 a 的 δ 邻域．记作 $U(a，\delta)$，或简记为 $U(a)$，即有：

$$U(a，\delta)=\{x \mid |x-a|<\delta\}=\{x \mid a-\delta<x<a+\delta\}=(a-\delta，a+\delta).$$

点 a 称为邻域的中心，δ 称为邻域的半径，如图 1-16 所示．

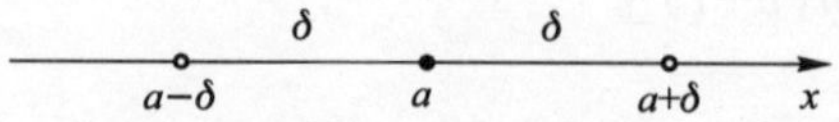

图 1-16 邻域

如：$U(2，0.1)=(1.9，2.1)$，表示以 2 为中心以 0.1 为半径的邻域．

(2)去心邻域．设 a 与 δ 是两个实数，且 $\delta>0$，则称数集 $\{x \mid 0<|x-a|<\delta\}$ 为点 a 的去心 δ 邻域．记作 $\mathring{U}(a，\delta)$，或简记为 $\mathring{U}(a)$，即有：

$$\mathring{U}(a，\delta)=\{x \mid 0<|x-a|<\delta\}=\{x \mid a-\delta<x<a \cup a<x<a+\delta\}=(a-\delta，a)\cup(a，a+\delta).$$

点 a 的去心 δ 邻域即是点 a 不在邻域所表示的范围中，如图 1-17 所示．

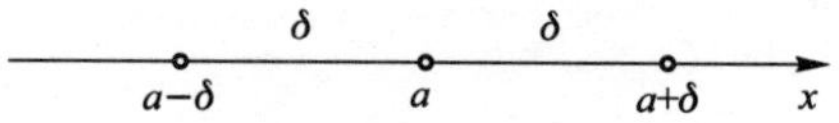

图 1-17 去心邻域

如：$\mathring{U}(2，0.1)=(1.9，2)\cup(2，2.1)$，表示以 2 为中心以 0.1 为半径的去心邻域．

在函数极限的探讨过程中，有时需要考察点 a 左、右附近的数组成的集合，点 a 左边附近的数组成的集合称为点的左邻域，记作 $(a-\delta，a)$；点 a 右边附近的数组成的集合称为点的右邻域，记作 $(a，a+\delta)$.

1.3.2 x 趋于无穷大时函数的极限

1.3.2.1 $x\to\infty$

定义 10 如果当 $x\to\infty$（即 $|x|$ 无限增大）时，函数 $f(x)$ 的值无限趋于一个常数 A，则称 A 为函数 $f(x)$ 当 $x\to\infty$ 时的极限，记作 $\lim\limits_{x\to\infty}f(x)=A$. 如：$\lim\limits_{x\to\infty}\dfrac{1}{x}=0$.

1.3.2.2 $x\to+\infty$

定义 11 如果当 $x\to+\infty$ 时，函数 $f(x)$ 的值无限趋于一个常数 A，则称 A 为函数 $f(x)$ 当 $x\to+\infty$ 时的极限，记作 $\lim\limits_{x\to+\infty}f(x)=A$. 如：$\lim\limits_{x\to+\infty}e^{-x}=0$.

1.3.2.3　$x\to-\infty$

定义 12　如果当 $x\to-\infty$ 时，函数 $f(x)$ 的值无限趋于一个常数 A，则称 A 为函数 $f(x)$ 当 $x\to-\infty$ 时的极限，记作 $\lim\limits_{x\to-\infty}f(x)=A$. 如：$\lim\limits_{x\to-\infty}e^x=0$.

定理 2　当 $x\to\infty$ 时，函数 $f(x)$ 的极限为 A 的充要条件是：当 $x\to-\infty$ 或 $x\to+\infty$ 时，函数 $f(x)$ 的左、右极限存在且都等于 A. 即

$$\lim_{x\to\infty}f(x)=A\Leftrightarrow\lim_{x\to-\infty}f(x)=\lim_{x\to+\infty}f(x)=A.$$

例 1-17　设 $f(x)=\begin{cases}2^x, & x<0,\\ \dfrac{1}{x}, & x\geqslant0,\end{cases}$ 求 $\lim\limits_{x\to\infty}f(x)$.

【解】　因为

$$\lim_{x\to-\infty}f(x)=\lim_{x\to-\infty}2^x=0,\ \lim_{x\to+\infty}f(x)=\lim_{x\to+\infty}\frac{1}{x}=0,$$

所以

$$\lim_{x\to\infty}f(x)=0.$$

例 1-18　讨论 $\lim\limits_{x\to\infty}\arctan x$ 是否存在.

【解】　因为

$$\lim_{x\to-\infty}\arctan x=-\frac{\pi}{2},\ \lim_{x\to+\infty}\arctan x=\frac{\pi}{2},$$

$$\lim_{x\to-\infty}\arctan x\neq\lim_{x\to+\infty}\arctan x,$$

所以 $\lim\limits_{x\to\infty}\arctan x$ 不存在.

1.3.3　x 趋于 x_0 时函数的极限

对于函数 $y=f(x)$，除了探讨当 $x\to\infty$ 时极限的情况，还需了解当 $x\to x_0$ 时，函数极限是否存在，下面给出当 $x\to x_0$ 时函数极限的概念：

1.3.3.1　$x\to x_0$

定义 13　设 $f(x)$ 在 x_0 的某去心邻域 $\mathring{U}(x_0,\delta)$ 内有定义，如果当 $x\to x_0$ 时，函数 $f(x)$ 的值无限趋于一个常数 A，则称 A 为函数 $f(x)$ 当 $x\to x_0$ 时的极限，记作 $\lim\limits_{x\to x_0}f(x)=A$.

注：由定义可知，函数 $f(x)$ 在点 x_0 处的极限是否存在与函数在点 x_0 处是否有定义没有关系；函数 $f(x)$ 在点 x_0 处的极限与这点的函数值也没有关系.

如：函数 $f(x)=\dfrac{x^2-1}{x-1}$ 处在点 $x=1$ 处没有定义，但 $\lim\limits_{x\to1}f(x)=\lim\limits_{x\to1}\dfrac{x^2-1}{x-1}=\lim\limits_{x\to1}(x+1)=2$；

而在函数$f(x)=\begin{cases}x+1, & x\neq 1,\\ 1, & x=1,\end{cases}$ $f(1)=1$，但$\lim\limits_{x\to 1}f(x)=\lim\limits_{x\to 1}(x+1)=2$.

1.3.3.2 $x\to x_0^-$

定义 14 设$f(x)$在x_0的左邻域$(x_0-\delta, x_0)$内有定义，如果当$x\to x_0^-$时，函数$f(x)$的值无限趋于一个常数A，则称A为函数$f(x)$当$x\to x_0$时的左极限，记作$\lim\limits_{x\to x_0^-}f(x)=A$.

1.3.3.3 $x\to x_0^+$

定义 15 设$f(x)$在x_0的右邻域$(x_0, x_0+\delta)$内有定义，如果当$x\to x_0^+$时，函数$f(x)$的值无限趋于一个常数A，则称A为函数$f(x)$当$x\to x_0$时的右极限，记作$\lim\limits_{x\to x_0^+}f(x)=A$.

定理 3 当$x\to x_0$时，函数$f(x)$的极限为A的充要条件是：当$x\to x_0^-$或$x\to x_0^+$时，函数$f(x)$的左、右极限存在且都等于A. 即

$$\lim_{x\to x_0}f(x)=A\Leftrightarrow\lim_{x\to x_0^-}f(x)=\lim_{x\to x_0^+}f(x)=A.$$

例 1-19 设$f(x)=\begin{cases}3x-1, & x<1,\\ x+1, & x\geqslant 1,\end{cases}$ 求$\lim\limits_{x\to 1}f(x)$.

【解】 因为

$$\lim_{x\to 1^-}f(x)=\lim_{x\to 1^-}(3x-1)=2,\lim_{x\to 1^+}f(x)=\lim_{x\to 1^+}(x+1)=2,$$

所以

$$\lim_{x\to 1^-}f(x)=\lim_{x\to 1^+}f(x)=2,$$

故

$$\lim_{x\to 1}f(x)=2.$$

例 1-20 设$f(x)=\begin{cases}x^2-3, & x<3,\\ 2x-1, & x\geqslant 3,\end{cases}$ 讨论$\lim\limits_{x\to 3}f(x)$是否存在.

【解】 因为

$$\lim_{x\to 3^-}f(x)=\lim_{x\to 3^-}(x^2-3)=6,\lim_{x\to 3^+}f(x)=\lim_{x\to 3^+}(2x-1)=5,$$

所以

$$\lim_{x\to 3^-}f(x)\neq\lim_{x\to 3^+}f(x).$$

由此可得$\lim\limits_{x\to 3}f(x)$不存在.

例 1-21 设$f(x)=\begin{cases}2\cos x+a, & x<0,\\ 4x+3, & x\geqslant 0,\end{cases}$ 且$\lim\limits_{x\to 0}f(x)$存在，求a的值.

【解】 因为

$$\lim_{x\to 0^-}f(x)=\lim_{x\to 0^-}(2\cos x+a)=2+a,\lim_{x\to 0^+}f(x)=\lim_{x\to 0^+}(4x+3)=3,$$

又

$$\lim_{x\to 0} f(x)\text{存在},$$

所以

$$\lim_{x\to 0^-} f(x)=\lim_{x\to 0^+} f(x),$$

即

$$2+a=3.$$

$$a=1.$$

1.3.4 函数极限的性质

性质 1(唯一性) 若函数 $f(x)$ 有极限，则极限值必唯一.

性质 2(局部有界性) 若函数 $f(x)$ 有极限，则在 x_0 的某去心邻域内有界.

性质 3(局部保号性) 若 $\lim\limits_{x\to x_0} f(x)=A$，且 $A>0$(或 $A<0$)，那么在 x_0 的某去心邻域内，必有 $f(x)>0$(或 $f(x)<0$).

性质 4(夹逼定理) 若 $f(x)$，$g(x)$，$h(x)$，在 x_0 的某去心邻域内有定义，且有：

(1)$f(x)\leqslant g(x)\leqslant h(x)$；

(2)$\lim\limits_{x\to x_0} f(x)=\lim\limits_{x\to x_0} h(x)=A$；

则 $\lim\limits_{x\to x_0} g(x)=A$.

对于当 $x\to\infty$ 时，上述结论也成立.

习题 1.3

一、选择题

1. $\lim\limits_{x\to 2}(x^2-2x+4)=($　　$)$.

A. 4　　B. 5　　C. 8　　D. 10

2. $\lim\limits_{x\to +\infty}\dfrac{\sqrt{4x^2+3x+1}}{x}=($　　$)$.

A. -1　　B. 1　　C. 2　　D. ∞

3. 设 $f(x)=\begin{cases}3x+1, & x<0,\\ 1-x, & x\geqslant 0,\end{cases}$ 则 $\lim\limits_{x\to 0^+}\dfrac{f(x)-f(0)}{x}=($　　$)$.

A. -1　　B. 1　　C. 3　　D. ∞

4. 如果 $\lim\limits_{x\to x_0} f(x)$ 存在，则 $f(x)$ 在 x_0 处(　　).

A. 必须有定义　　B. 可以无定义

C. 不能有定义　　D. 可以有定义，但必须有 $\lim\limits_{x\to x_0} f(x)=f(x_0)$

5. $\lim\limits_{x\to 2}\frac{|x-2|}{x-2}=($　　$)$.

A. -1　　B. 1　　C. ∞　　D. 不存在

6. $\lim\limits_{x\to 0}e^{\frac{1}{x}}=($　　$)$.

A. ∞　　B. $+\infty$　　C. 0　　D. 不存在

7. 下列极限存在的是(　　).

A. $\lim\limits_{x\to\infty}\frac{x+1}{x}$　　B. $\lim\limits_{x\to 0}\frac{1}{2^x-1}$　　C. $\lim\limits_{x\to+\infty}e^x$　　D. $\lim\limits_{x\to+\infty}\sqrt{\frac{x^2+1}{x}}$

8. $\lim\limits_{x\to\infty}\frac{x^2+2x}{2x^2}=($　　$)$.

A. $\frac{1}{2}$　　B. 2　　C. 0　　D. 不存在

9. 已知$\lim\limits_{x\to 2}\frac{x^2+ax+b}{x^2-x-2}=2$，则 a，b 的值是(　　).

A. $a=-8$，$b=2$　　B. $a=8$，$b=-2$

C. $a=2$，$b=-8$　　D. $a=-2$，$b=8$

10. 设函数$f(x)=\begin{cases}x+2, & x<0,\\ 1, & x=0,\\ 2-3x, & x>0,\end{cases}$则下列结论正确的是(　　).

A. $\lim\limits_{x\to 0}f(x)=1$　　B. $\lim\limits_{x\to 0}f(x)=2$

C. $\lim\limits_{x\to 0}f(x)=3$　　D. $\lim\limits_{x\to 0}f(x)$不存在

1.4　无穷小量与无穷大量

在微积分中，无穷小量是一个非常重要的概念，无穷小量与函数的极限有着密切的关系，在函数的讨论中起着重要作用，本节将系统介绍无穷小量与无穷大量.

1.4.1　无穷小量

1.4.1.1　无穷小量定义

定义 16　若函数 $f(x)$ 在自变量 x 的某个变化过程中以 0 为极限，则称在该变化过程中，$f(x)$ 为无穷小量，简称无穷小.

无穷小量即是极限为 0 的量．通常用 α、β、γ 表示无穷小量．

如：$\lim\limits_{x\to 0}\sin x=0$，即当 $x\to 0$ 时，函数 $\sin x$ 是无穷小量；$\lim\limits_{x\to\infty}\dfrac{1}{x}=0$，即当 $x\to\infty$ 时，函数$\dfrac{1}{x}$是无穷小量．

对定义的理解应注意以下两个方面：

(1)0 是唯一为无穷小量的常量；

(2)某个量是否为无穷小量与自变量的变化过程有关．例如：$\lim\limits_{x\to\infty}\dfrac{1}{x}=0$，此时$\dfrac{1}{x}$是无穷小量，而$\lim\limits_{x\to 1}\dfrac{1}{x}=1$，此时$\dfrac{1}{x}$就不是无穷小量．

1.4.1.2　无穷小量性质

无穷小量有以下重要性质：

(1)有限个无穷小量的代数和仍为无穷小量；

(2)有限个无穷小量的乘积仍为无穷小量；

(3)常量与无穷小量的乘积为无穷小量；

(4)有界变量与无穷小量的乘积为无穷小量．

定理 4　函数 $f(x)$ 当 $x\to x_0$(或 $x\to\infty$)时，极限为 A 的充要条件是该函数可以表示成 A 与无穷小量代数和的形式．即

$$\lim f(x)=A\Leftrightarrow f(x)=A+\alpha,$$

其中 α 为 $x\to x_0$(或 $x\to\infty$)时的无穷小量．

证(充分性)若 $f(x)=A+\alpha$，其中 α 为 $x\to x_0$ 时的无穷小量，则 $\lim f(x)=\lim(A+\alpha)=\lim A+\lim\alpha=A+0=A$.

(必要性)若 $\lim f(x)=A$，则 $\lim[f(x)-A]=\lim f(x)-\lim A=A-A=0$，即 $f(x)-A$ 为无穷小量，令 $f(x)-A=\alpha$(α 为无穷小量)，即 $f(x)=A+\alpha$.

例 1-22　求$\lim\limits_{x\to 0}x\sin\dfrac{1}{x}$.

【解】　因为

当 $x\to 0$ 时，x 是无穷小量，$\sin\dfrac{1}{x}$是有界量($-1\leqslant\sin\dfrac{1}{x}\leqslant 1$)，

所以

$$\lim_{x\to 0}x\sin\frac{1}{x}=0.$$

例 1-23　求$\lim\limits_{x\to\infty}\dfrac{\operatorname{arccot}x}{x}$.

【解】 因为

当 $x\to\infty$ 时，$\frac{1}{x}$是无穷小量，$\operatorname{arccot}x$ 是有界量($0<\operatorname{arccot}x<\pi$)，所以

$$\lim_{x\to\infty}\frac{\operatorname{arccot}x}{x}=0.$$

1.4.1.3 无穷小量比较

在同一变化过程中有许多无穷小量，如：

当 $x\to0$ 时，x，x^2，$\sin x$，$\tan x$ 等都是无穷小量，但是它们趋于 0 的速度各不相同，为了区别这些无穷小量趋于 0 的速度的快慢，我们引入了无穷小量比较的概念.

定义 17 设 α，β 是同一变化过程中的两个无穷小量，且 $\beta\neq0$.

(1)若 $\lim\frac{\alpha}{\beta}=0$，则称 α 是 β 的高阶无穷小量，记作 $\alpha=o(\beta)$；

(2)若 $\lim\frac{\alpha}{\beta}=\infty$，则称 α 是 β 的低阶无穷小量；

(3)若 $\lim\frac{\alpha}{\beta}=c(c\neq0)$，则称 α 是 β 的同阶无穷小量；

(4)若 $\lim\frac{\alpha}{\beta}=1$，则称 α 是 β 的等价无穷小量，记作 $\alpha\sim\beta$.

当 $x\to0$ 时，有下列常见的等价无穷小量：

$\sin x\sim x$，$\tan x\sim x$，$\arcsin x\sim x$，$\arctan x\sim x$，$e^x-1\sim x$，$\ln(1+x)\sim x$，$1-\cos x\sim\frac{1}{2}x^2$，$(1+\alpha x)^{\beta}-1\sim\alpha\beta x$.

等价无穷小量在极限运算中有重要的运用：

定理 5 (等价无穷小量替换定理) 设在同一变化过程中，$\alpha\sim\alpha'$，$\beta\sim\beta'$，若 $\lim\frac{\alpha'}{\beta'}$ 存在，则 $\lim\frac{\alpha}{\beta}=\lim\frac{\alpha'}{\beta'}$.

证 $\lim\frac{\alpha}{\beta}=\lim\left(\frac{\alpha}{\alpha'}\cdot\frac{\alpha'}{\beta'}\cdot\frac{\beta'}{\beta}\right)=\lim\frac{\alpha}{\alpha'}\cdot\lim\frac{\alpha'}{\beta'}\cdot\lim\frac{\beta'}{\beta}=\lim\frac{\alpha'}{\beta'}$.

注：运用等价无穷小量替换定理时，分子分母必须是乘积的形式才可以替换，在加减运算中不能使用等价无穷小量替换定理.

例 1-24 求下列函数的极限：

(1) $\lim\limits_{x\to0}\frac{\sin2x}{\tan3x}$；

(2) $\lim\limits_{x\to0}\frac{1-\cos x}{\tan^2x}$；

(3) $\lim\limits_{x\to0}\dfrac{\ln(1+x)}{\sin3x}$；

(4) $\lim\limits_{x\to0}\dfrac{x^2}{\tan^2\dfrac{x}{3}}$；

(5) $\lim\limits_{x\to0}\dfrac{(1+x)^{\frac{1}{4}}-1}{\tan x}$；

(6) $\lim\limits_{x\to0}\dfrac{\tan x-\sin x}{x^3}$.

【解】 (1) $\lim\limits_{x\to0}\dfrac{\sin2x}{\tan3x}=\lim\limits_{x\to0}\dfrac{2x}{3x}=\dfrac{2}{3}$；

(2) $\lim\limits_{x\to0}\dfrac{1-\cos x}{\tan^2x}=\lim\limits_{x\to0}\dfrac{\frac{1}{2}x^2}{x^2}=\dfrac{1}{2}$；

(3) $\lim\limits_{x\to0}\dfrac{\ln(1+x)}{\sin3x}=\lim\limits_{x\to0}\dfrac{x}{3x}=\dfrac{1}{3}$；

(4) $\lim\limits_{x\to0}\dfrac{x^2}{\tan^2\dfrac{x}{3}}=\lim\limits_{x\to0}\dfrac{x^2}{\left(\dfrac{x}{3}\right)^2}=9$；

(5) $\lim\limits_{x\to0}\dfrac{(1+x)^{\frac{1}{4}}-1}{\tan x}=\lim\limits_{x\to0}\dfrac{\frac{1}{4}x}{x}=\dfrac{1}{4}$；

(6) $\lim\limits_{x\to0}\dfrac{\tan x-\sin x}{x^3}=\lim\limits_{x\to0}\dfrac{\tan x(1-\cos x)}{x^3}=\lim\limits_{x\to0}\dfrac{x\cdot\frac{1}{2}x^2}{x^3}=\dfrac{1}{2}$.

1.4.2 无穷大量

定义 18 若函数 $f(x)$ 在自变量 x 的某个变化过程中，对应的函数值的绝对值 $|f(x)|$ 无限增大，则称在该变化过程中，$f(x)$ 为**无穷大量**，简称无穷大．

记作 $\lim\limits_{x\to x_0}f(x)=\infty$（或 $\lim\limits_{x\to\infty}f(x)=\infty$）．

注：无穷大量是没有极限的量，这里只是借助极限的符号来表示．

1.4.3 无穷小量与无穷大量的关系

从无穷小量与无穷大量的定义可以看出它们之间有着密切的关系，不难看出：在同一变化过程中，无穷大量的倒数为无穷小量，不为 0 的无穷小量的倒数是无穷大量．

如：$\lim\limits_{x\to+\infty}2^x=\infty$，则 $\lim\limits_{x\to+\infty}\dfrac{1}{2^x}=0$；又如：$\lim\limits_{x\to0}x=0$，则 $\lim\limits_{x\to0}\dfrac{1}{x}=\infty$．

根据以上结论，以后对于无穷大的研究我们可以通过取倒数的形式转化成对无穷小的研究．

习题 1.4

一、选择题

1. 当 $x \to 0$ 时，下列变量中与 $\sin^2 x$ 为等价无穷小量的是(　　).

A. $\sqrt{x}$　　B. x　　C. x^2　　D. x^3

2. 当 $x \to 0$ 时，下列无穷小量中与 x 等价的是(　　).

A. $1-\cos x$　　B. $\ln(1+x^2)$　　C. $\ln(1+x)$　　D. $e^{x^2}-1$

3. 当 $x \to 0$ 时，下面说法错误的是(　　).

A. $\frac{1}{x}\sin\frac{1}{x}$是无穷大量　　B. $\frac{1}{x}$是无穷大量

C. $x\sin x$ 是无穷小量　　D. $x\sin\frac{1}{x}$是无穷小量

4. 若$\lim\limits_{x \to x_0} f(x)=\infty$，$\lim\limits_{x \to x_0} g(x)=0$，则$\lim\limits_{x \to x_0} f(x)\cdot g(x)$(　　).

A. 必为无穷小量　　B. 必为无穷大量

C. 为不等于零的常数　　D. 极限值不能确定

5. 当 $x \to -1$ 时，要使函数$(x+1)f(x)$是无穷小量，则$f(x)$应为(　　).

A. 任意函数　　B. 奇函数　　C. 偶函数　　D. 有界函数

6. $\lim\limits_{x \to \infty} x\left(e^{\frac{1}{x}}-1\right)=$(　　).

A. -1　　B. 1　　C. 0　　D. 不存在

二、填空题

1. 当 $x \to 0$ 时，$x+\sin 2x$ 是 x 的________无穷小量.
2. 当 $x \to 0$ 时，$1-\cos x$ 是 x 的________无穷小量.
3. 当 $x \to 0$ 时，$e^{2x}-1$ 是 x 的________无穷小量.
4. 当 $x \to 0$ 时，$1-\cos 2x$ 与 $2\sin^2 x$ 是________无穷小量.
5. 当 $x \to 1$ 时，$1-x$ 与$\frac{1}{2}(1-x^2)$是________无穷小量.
6. 当 $x \to 1$ 时，$1-x$ 与 $1-\sqrt[3]{x}$ 是________无穷小量.

三、解答题

求下列函数的极限.

(1) $\lim\limits_{x \to 0}\frac{\tan 2x}{5x}$;　　(2) $\lim\limits_{x \to 0}\frac{3x^2}{1-\cos^2 x}$;

(3) $\lim\limits_{x \to 2}\frac{2-x}{\sin 2(x-2)}$;　　(4) $\lim\limits_{x \to 0}\frac{1-\cos 2x}{x\sin x}$;

(5) $\lim\limits_{x\to 0}\dfrac{3\arcsin x}{x}$；　　(6) $\lim\limits_{x\to\infty}\dfrac{x-\sin x}{x+\sin x}$.

1.5　极限的运算法则与计算

1.5.1　函数极限的四则运算法则

定理 6　设 $\lim f(x)=A$，$\lim g(x)=B$，则：

(1) $\lim[f(x)\pm g(x)]=\lim f(x)\pm\lim g(x)=A\pm B$；

(2) $\lim[f(x)\cdot g(x)]=\lim f(x)\cdot\lim g(x)=AB$；

(3) $\lim\dfrac{f(x)}{g(x)}=\dfrac{\lim f(x)}{\lim g(x)}=\dfrac{A}{B}(B\neq 0)$.

推论　(1) $\lim[Cf(x)]=C\lim f(x)=CA$（$C$ 为常数）；

(2) $\lim[f(x)]^n=[\lim f(x)]^n=A^n$.

1.5.2　常见类型函数极限求法

1.5.2.1　直接求解法

例 1-25　求下列函数的极限：

(1) $\lim\limits_{x\to 1}(2x+1)$；　　(2) $\lim\limits_{x\to -1}\dfrac{1}{x-1}$；

(3) $\lim\limits_{x\to 1}\sqrt{2x+2}$；　　(4) $\lim\limits_{x\to 1}\sin(\ln x)$.

【解】　(1) $\lim\limits_{x\to 1}(2x+1)=2\times 1+1=3$；　　(2) $\lim\limits_{x\to -1}\dfrac{1}{x-1}=\dfrac{1}{-1-1}=-\dfrac{1}{2}$；

(3) $\lim\limits_{x\to 1}\sqrt{2x+2}=\sqrt{2+2}=2$；　　(4) $\lim\limits_{x\to 1}\sin(\ln x)=\sin(\ln 1)=\sin 0=0$.

1.5.2.2　$\dfrac{0}{0}$型未定式

如果一个函数的分子、分母极限分别为 0，则称此函数的极限为$\dfrac{0}{0}$型未定式．$\dfrac{0}{0}$型未定式的求解方法通常有两种：①因式分解．将分子、分母因式分解，约去极限为 0 的公因式；②分子或分母有理化．当分子或分母中含有根式时，进行分子或分母有理化，变形后约去极限为 0 的公因式．

例 1-26　求下列函数的极限：

(1) $\lim\limits_{x\to 2}\dfrac{x^2-5x+6}{x-2}$;　　(2) $\lim\limits_{x\to 1}\dfrac{\sqrt{x+3}-2}{x-1}$;

(3) $\lim\limits_{x\to 5}\dfrac{x-5}{\sqrt{x-1}-2}$;　　(4) $\lim\limits_{x\to 3}\dfrac{\sqrt{3x-5}-2}{\sqrt{x-2}-1}$.

【解】 (1) $\lim\limits_{x\to 2}\dfrac{x^2-5x+6}{x-2}=\lim\limits_{x\to 2}\dfrac{(x-2)(x-3)}{x-2}=\lim\limits_{x\to 2}(x-3)=-1$;

(2) $$\lim_{x\to 1}\frac{\sqrt{x+3}-2}{x-1}=\lim_{x\to 1}\frac{(\sqrt{x+3}-2)(\sqrt{x+3}+2)}{(x-1)(\sqrt{x+3}+2)}$$
$$=\lim_{x\to 1}\frac{(x-1)}{(x-1)(\sqrt{x+3}+2)}=\lim_{x\to 1}\frac{1}{(\sqrt{x+3}+2)}=\frac{1}{4};$$

(3) $$\lim_{x\to 5}\frac{x-5}{\sqrt{x-1}-2}=\lim_{x\to 5}\frac{(x-5)(\sqrt{x-1}+2)}{(\sqrt{x-1}-2)(\sqrt{x-1}+2)}$$
$$=\lim_{x\to 5}\frac{(x-5)(\sqrt{x-1}+2)}{(x-5)}=\lim_{x\to 5}(\sqrt{x-1}+2)=4;$$

(4) $$\lim_{x\to 3}\frac{\sqrt{3x-5}-2}{\sqrt{x-2}-1}=\lim_{x\to 3}\frac{(\sqrt{3x-5}-2)(\sqrt{3x-5}+2)(\sqrt{x-2}+1)}{(\sqrt{x-2}-1)(\sqrt{x-2}+1)(\sqrt{3x-5}+2)}$$
$$=\lim_{x\to 3}\frac{3(x-3)(\sqrt{x-2}+1)}{(x-3)(\sqrt{3x-5}+2)}=\lim_{x\to 3}\frac{3(\sqrt{x-2}+1)}{(\sqrt{3x-5}+2)}=\frac{3}{2}.$$

1.5.2.3 $\dfrac{\infty}{\infty}$型未定式

对于$\dfrac{\infty}{\infty}$型未定式，求解方法是分子、分母同除以自变量的最高次幂．

例 1-27 求下列函数的极限：

(1) $\lim\limits_{x\to\infty}\dfrac{4x^2-5x+6}{3x^2+2x-7}$;　　(2) $\lim\limits_{x\to\infty}\dfrac{4x^2-5x+6}{3x^3+2x-7}$;　　(3) $\lim\limits_{x\to\infty}\dfrac{4x^3-5x+6}{3x^2+2x-7}$.

【解】 (1) $$\lim_{x\to\infty}\frac{4x^2-5x+6}{3x^2+2x-7}=\lim_{x\to\infty}\frac{4-\frac{5}{x}+\frac{6}{x^2}}{3+\frac{2}{x}-\frac{7}{x^2}}=\frac{4}{3};$$

(2) $$\lim_{x\to\infty}\frac{4x^2-5x+6}{3x^3+2x-7}=\lim_{x\to\infty}\frac{\frac{4}{x}-\frac{5}{x^2}+\frac{6}{x^3}}{3+\frac{2}{x^2}-\frac{7}{x^3}}=0;$$

(3) $$\lim_{x\to\infty}\frac{4x^3-5x+6}{3x^2+2x-7}=\lim_{x\to\infty}\frac{4-\frac{5}{x^2}+\frac{6}{x^3}}{\frac{3}{x}+\frac{2}{x^2}-\frac{7}{x^3}}=\infty.$$

由上面求解结果，可得如下结论：

$$\lim_{x\to\infty}\frac{a_nx^n+a_{n-1}x^{n-1}+\cdots+a_1x+a_0}{b_mx^m+b_{m-1}x^{m-1}+\cdots+b_1x+b_0}=\begin{cases}\dfrac{a_n}{b_m}, & m=n,\\ 0, & m>n,\\ \infty, & m<n.\end{cases}$$

（以上 m，n 为正常数，a_n，…，a_0，b_m，…，b_0 为常数，且 $a_nb_m\neq 0$）.

如：$\lim\limits_{x\to\infty}\dfrac{(3x^2-x+7)(5x^2+1)}{(4x^2+2x-5)(2x^2-3x-1)}=\dfrac{3\times5}{4\times2}=\dfrac{15}{8}$；$\lim\limits_{x\to\infty}\dfrac{\sqrt{x^2+1}+x}{\sqrt{x^3+x}-1}=0$.

1.5.2.4　∞ −∞ 型未定式

对于∞ −∞ 型未定式，求解方法通常有两种：一是通分；二是有理化.

例 1-28　求下列函数的极限：

(1) $\lim\limits_{x\to1}\left(\dfrac{1}{x-1}-\dfrac{2}{x^2-1}\right)$；　　(2) $\lim\limits_{x\to\infty}(\sqrt{x^2+2x}-\sqrt{x^2+x})$.

【解】 (1) $\lim\limits_{x\to1}\left(\dfrac{1}{x-1}-\dfrac{2}{x^2-1}\right)=\lim\limits_{x\to1}\dfrac{x-1}{(x-1)(x+1)}=\lim\limits_{x\to1}\dfrac{1}{x+1}=\dfrac{1}{2}$；

(2)
$$\begin{aligned}\lim_{x\to\infty}(\sqrt{x^2+2x}-\sqrt{x^2+x})&=\lim_{x\to\infty}\frac{(\sqrt{x^2+2x}-\sqrt{x^2+x})(\sqrt{x^2+2x}+\sqrt{x^2+x})}{\sqrt{x^2+2x}+\sqrt{x^2+x}}\\&=\lim_{x\to\infty}\frac{x}{\sqrt{x^2+2x}+\sqrt{x^2+x}}\\&=\lim_{x\to\infty}\frac{1}{\sqrt{1+\frac{2}{x}}+\sqrt{1+\frac{1}{x}}}\\&=\frac{1}{2}.\end{aligned}$$

1.5.3　两个重要极限

1.5.3.1　第一重要极限 $\lim\limits_{x\to0}\dfrac{\sin x}{x}=1$

第一重要极限有以下特点：

(1) 它是 $\dfrac{0}{0}$ 型未定式；

(2) $\lim\limits_{x\to0}\dfrac{x}{\sin x}=1$；

(3) x 代表的是一个代数式即有 $\lim\limits_{\varphi(x)\to 0}\dfrac{\sin\varphi(x)}{\varphi(x)}=1$.

注：$\lim\limits_{x\to\infty}\dfrac{\sin x}{x}=0$；$\lim\limits_{x\to\infty}\dfrac{x}{\sin x}=\infty$.

例 1-29 求下列函数的极限：

(1) $\lim\limits_{x\to 0}\dfrac{\sin kx}{x}$；

(2) $\lim\limits_{x\to 0}\dfrac{\tan x}{x}$；

(3) $\lim\limits_{x\to 0}\dfrac{1-\cos x}{x\sin x}$；

(4) $\lim\limits_{x\to 2}\dfrac{\sin(x-2)}{x^2+x-6}$.

【解】 (1) $\lim\limits_{x\to 0}\dfrac{\sin kx}{x}=\lim\limits_{x\to 0}\dfrac{k\sin kx}{kx}=k$；

(2) $\lim\limits_{x\to 0}\dfrac{\tan x}{x}=\lim\limits_{x\to 0}\dfrac{\sin x}{x\cos x}=1$；

(3) $\lim\limits_{x\to 0}\dfrac{1-\cos x}{x\sin x}=\lim\limits_{x\to 0}\dfrac{\frac{1}{2}x^2}{x\sin x}=\lim\limits_{x\to 0}\dfrac{x}{2\sin x}=\dfrac{1}{2}$；

(4) $\lim\limits_{x\to 2}\dfrac{\sin(x-2)}{x^2+x-6}=\lim\limits_{x\to 2}\dfrac{\sin(x-2)}{(x+3)(x-2)}=\dfrac{1}{5}$.

1.5.3.2 第二重要极限 $\lim\limits_{x\to\infty}\left(1+\dfrac{1}{x}\right)^x=\mathrm{e}$

第二重要极限有以下特点：

(1) 它是 1^∞ 型未定式；

(2) $\lim\limits_{x\to 0}(1+x)^{\frac{1}{x}}=\mathrm{e}$；

(3) x 代表的是一个代数式即有 $\lim\limits_{\varphi(x)\to\infty}\left[1+\dfrac{1}{\varphi(x)}\right]^{\varphi(x)}=\mathrm{e}$ 或 $\lim\limits_{\varphi(x)\to 0}[1+\varphi(x)]^{\frac{1}{\varphi(x)}}=\mathrm{e}$.

例 1-30 求下列函数的极限：

(1) $\lim\limits_{x\to\infty}\left(1+\dfrac{k}{x}\right)^x$；

(2) $\lim\limits_{x\to\infty}\left(1-\dfrac{k}{x}\right)^x$；

(3) $\lim\limits_{x\to 0}(1+x)^{\frac{1}{kx}}$；

(4) $\lim\limits_{x\to\infty}\left(\dfrac{x+1}{x+2}\right)^x$.

【解】 (1) $\lim\limits_{x\to\infty}\left(1+\dfrac{k}{x}\right)^x=\lim\limits_{x\to\infty}\left[\left(1+\dfrac{k}{x}\right)^{\frac{x}{k}}\right]^k=\mathrm{e}^k$；

(2) $\lim\limits_{x\to\infty}\left(1-\dfrac{k}{x}\right)^x=\lim\limits_{x\to\infty}\left[\left(1-\dfrac{k}{x}\right)^{-\frac{x}{k}}\right]^{-k}=\mathrm{e}^{-k}$；

(3) $\lim\limits_{x\to0}(1+x)^{\frac{1}{kx}}=\lim\limits_{x\to0}\left[(1+x)^{\frac{1}{x}}\right]^{\frac{1}{k}}=e^{\frac{1}{k}}$;

(4) $\lim\limits_{x\to\infty}\left(\dfrac{x+1}{x+2}\right)^x=\lim\limits_{x\to\infty}\left(\dfrac{1+\dfrac{1}{x}}{1+\dfrac{2}{x}}\right)^x=\lim\limits_{x\to\infty}\dfrac{\left(1+\dfrac{1}{x}\right)^x}{\left(1+\dfrac{2}{x}\right)^x}=\dfrac{e}{e^2}=e^{-1}$.

习题 1.5

一、选择题

1. $\lim\limits_{x\to-2}(3x^2-5x+2)=($　　$)$.

A. 12　　B. 10　　C. 8　　D. 24

2. $\lim\limits_{x\to\infty}\left(\dfrac{1}{x}-\dfrac{1}{x+1}\right)=($　　$)$.

A. -1　　B. 0　　C. 1　　D. ∞

3. $\lim\limits_{x\to4}\dfrac{\sqrt{x+5}-3}{x-4}=($　　$)$.

A. $\dfrac{3}{5}$　　B. $\dfrac{1}{6}$　　C. $\dfrac{1}{3}$　　D. $\dfrac{1}{5}$

4. 下列极限中不正确的是(　　).

A. $\lim\limits_{x\to\pi}\dfrac{\sin(x-\pi)}{x-\pi}=1$　　B. $\lim\limits_{x\to\infty}x\sin\dfrac{1}{x}=1$

C. $\lim\limits_{x\to0}x\sin\dfrac{1}{x}=0$　　D. $\lim\limits_{x\to0}\dfrac{\sin x^2}{x}=1$

5. 下列极限中正确的是(　　).

A. $\lim\limits_{x\to\infty}\dfrac{\sin x}{x}=1$　　B. $\lim\limits_{x\to0}\dfrac{\sin\dfrac{1}{x}}{\dfrac{1}{x}}=1$

C. $\lim\limits_{x\to1}\dfrac{\sin(x-1)}{x-1}=1$　　D. $\lim\limits_{x\to0}\dfrac{\sin x}{x^2}=1$

6. $\lim\limits_{x\to\infty}\left(\dfrac{x^2+1}{x^2-1}-\dfrac{\sin2x}{x}\right)=($　　$)$.

A. -2　　B. -1　　C. 1　　D. 3

7. $\lim\limits_{x\to0}(1+x)^{-\frac{1}{x}}=($　　$)$.

A. e^{-1}　　B. e　　C. 1　　D. -1

8. 下列极限中正确的是(　　).

A. $\lim\limits_{x\to0}\left(1+\dfrac{1}{2x}\right)^{2x}=\mathrm{e}$　　B. $\lim\limits_{x\to0}(1+x)^{x}=\mathrm{e}$

C. $\lim\limits_{x\to\infty}(1+x)^{\frac{1}{x}}=\mathrm{e}$　　D. $\lim\limits_{x\to\infty}\left(1+\dfrac{1}{2x}\right)^{2x}=\mathrm{e}$

二、填空题

1. $\lim\limits_{x\to1}\dfrac{x^2-1}{x-1}=$________.

2. $\lim\limits_{x\to\infty}\dfrac{8x^3-1}{6x^3-5x^2+7}=$________.

3. $\lim\limits_{x\to\infty}\dfrac{2x^2+5}{x^3-3x^2+1}=$________.

4. 若$\lim\limits_{x\to\infty}\dfrac{ax+3}{2x-1}=4$，则 $a=$________.

5. $\lim\limits_{x\to0}\dfrac{\sin ax}{bx}=$________.

6. $\lim\limits_{x\to1}\dfrac{\sin(x^2-1)}{x-1}=$________.

三、解答题

1. 求下列函数的极限.

(1) $\lim\limits_{x\to-1}\dfrac{x^2-2x+4}{x^2+1}$;　　(2) $\lim\limits_{x\to5}\dfrac{x^2-6x+5}{x-5}$;

(3) $\lim\limits_{x\to0}\dfrac{3x^3-6x^2+5x}{x^2+2x}$;　　(4) $\lim\limits_{x\to0}\dfrac{x}{1-\sqrt{1+x}}$;

(5) $\lim\limits_{x\to-1}\left(\dfrac{1}{x+1}+\dfrac{1}{x^2-1}\right)$;　　(6) $\lim\limits_{x\to+\infty}\left(\sqrt{x^2+x+1}-\sqrt{x^2-x+1}\right)$;

(7) $\lim\limits_{x\to\infty}\left(\dfrac{2x+3}{2x+1}\right)^{x+3}$;　　(8) $\lim\limits_{x\to\frac{\pi}{2}}(1+\cos x)^{3\sec x}$.

2. 若$\lim\limits_{x\to3}\dfrac{x^2-2x+k}{x-3}=4$，求 k 的值.

3. 若$\lim\limits_{x\to1}\dfrac{x^2+ax+b}{1-x}=5$，求 a，b 的值.

4. 若$\lim\limits_{x\to1}\left(\dfrac{a}{1-x^2}-\dfrac{x}{1-x}\right)=\dfrac{3}{2}$，求 a 的值.

1.6　函数的连续性

自然界中有许多现象，如气温的变化、物体的运动、植物的生长等，都是连续变化的．这种现象反映在函数关系上，就是函数的连续性．本节将具体介绍函数的连续及其性质．

1.6.1　增量的概念

定义 19　设变量 u 从它的初值 u_1 变化到终值 u_2，则称 u_2-u_1 为变量 u 的增量，记作 Δu，即 $\Delta u=u_2-u_1$.

变量的增量又称为变量的改变量或变化量．一个变量的增量可以是正，也可以是负，还可以是0．在函数 $y=f(x)$ 中，当自变量 x 从 x_1 变到 x_2 时，自变量的增量为 $\Delta x=x_2-x_1$，对应函数的增量为 $\Delta y=f(x_2)-f(x_1)$.

1.6.2　连续函数的概念

1.6.2.1　函数在某点连续的概念

定义 20　设函数 $y=f(x)$ 在点 x_0 的某邻域内有定义，若 $\lim\limits_{\Delta x\to 0}\Delta y=0$，则称函数 $f(x)$ 在点 x_0 处连续．

如图 1-18 所示，可得 $\Delta x=x-x_0$，$\Delta y=f(x)-f(x_0)$，当 $\Delta x\to 0$ 时，有 $x\to x_0$，由以上定义可得：

$$\lim_{\Delta x\to 0}\Delta y=\lim_{x\to x_0}[f(x)-f(x_0)]=\lim_{x\to x_0}f(x)-\lim_{x\to x_0}f(x_0)=\lim_{x\to x_0}f(x)-f(x_0)=0,$$

即有 $\lim\limits_{x\to x_0}f(x)=f(x_0)$.

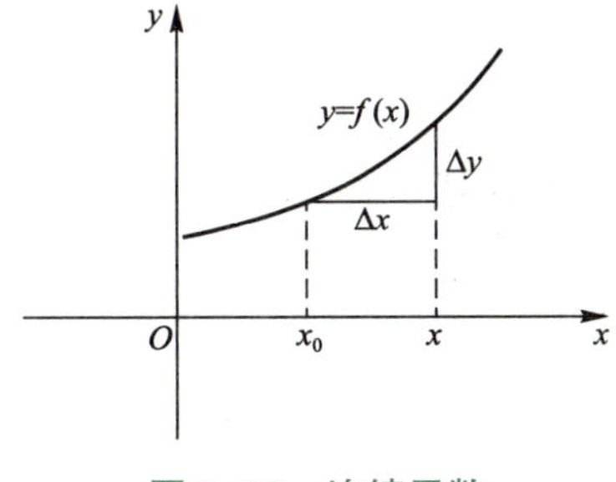

图 1-18　连续函数

故由此可得函数在某点连续的等价定义：

定义 21 设函数 $y=f(x)$ 在点 x_0 的某邻域内有定义，若 $\lim\limits_{x \to x_0} f(x)=f(x_0)$，则称函数 $f(x)$ 在点 x_0 处连续．

由定义可知，函数 $f(x)$ 在点 x_0 处连续必须同时满足以下三个条件：

(1) $f(x)$ 在点 x_0 处有定义；

(2) $f(x)$ 在点 x_0 处的极限存在；

(3) $f(x)$ 在点 x_0 处的极限值等于该点的函数值．

图 1-19 中函数在点 $x=1$ 处没有定义，图 1-20 中函数在点 $x=0$ 处极限不存在，图 1-21 中函数在点 $x=1$ 处的极限不等于这点的函数值，所以上面三个函数在对应的点处不连续．

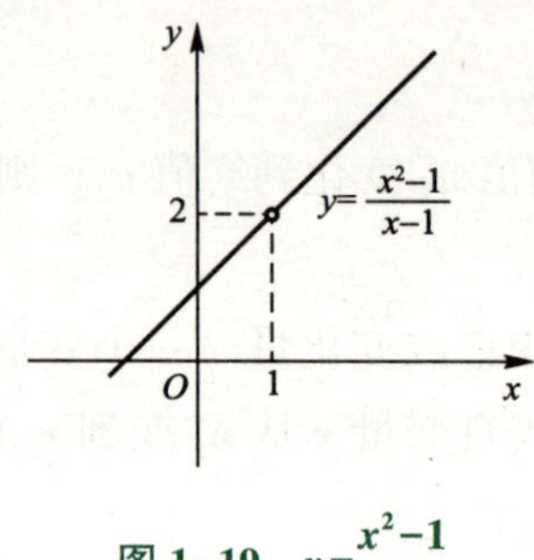

图 1-19　$y=\dfrac{x^2-1}{x-1}$

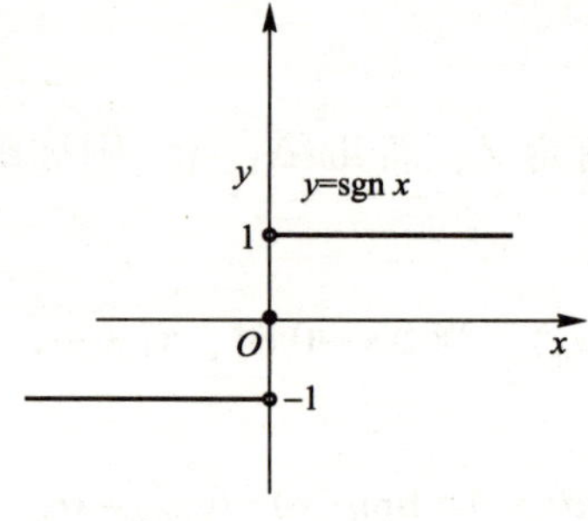

图 1-20　$y=\operatorname{sgn} x=\begin{cases}1, & x>0\\ 0, & x=0\\ -1, & x<0\end{cases}$

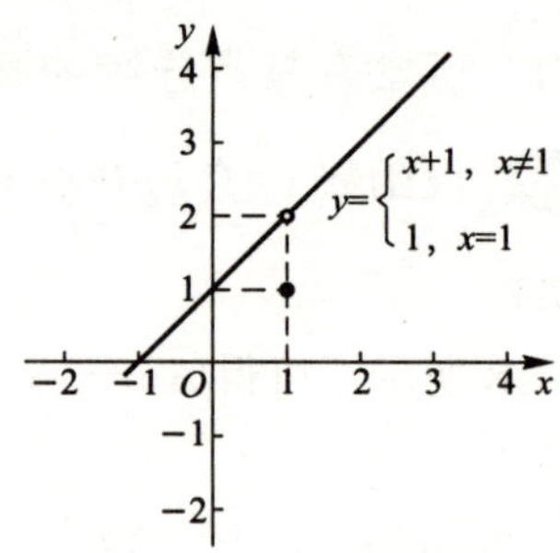

图 1-21　$y=\begin{cases}x+1, & x\neq 1\\ 1, & x=1\end{cases}$

1.6.2.2　函数在某点左、右连续的概念

定义 22 设函数 $y=f(x)$ 在 $(x_0-\delta, x_0]$ 内有定义，若 $\lim\limits_{x \to x_0^-} f(x)=f(x_0)$，则称函数 $f(x)$ 在点 x_0 处左连续．

定义 23 设函数 $y=f(x)$ 在 $[x_0, x_0+\delta)$ 内有定义，若 $\lim\limits_{x \to x_0^+} f(x)=f(x_0)$，则称函数 $f(x)$ 在点 x_0 处右连续．

定理 7 函数$f(x)$在点x_0处连续的充要条件是在点x_0处$f(x)$既是左连续又是右连续．即

$$\lim_{x \to x_0} f(x)=f(x_0) \Leftrightarrow \lim_{x \to x_0^-} f(x)=\lim_{x \to x_0^+} f(x)=f(x_0).$$

1.6.2.3 函数在区间上连续的概念

定义 24 若函数$f(x)$在区间(a, b)内每一点都连续，则称函数$f(x)$在区间(a, b)内连续．

定义 25 如果函数$f(x)$在区间(a, b)内连续，且在点a处右连续，点b处左连续，则称函数$f(x)$在区间$[a, b]$上连续．

连续函数的几何意义：连续函数的图像是一条连续不间断的曲线．

例 1-31 讨论函数$f(x)=\begin{cases} 2x, & x<1, \\ x^2+1, & x \geqslant 1, \end{cases}$在点$x=1$处的连续性．

【解】 依题意，得

$$f(1)=1^2+1=2, \lim_{x \to 1^-} f(x)=\lim_{x \to 1^-} 2x=2, \lim_{x \to 1^+} f(x)=\lim_{x \to 1^+}(x^2+1)=2,$$

故有

$$\lim_{x \to 1} f(x)=2,$$

即

$$\lim_{x \to 1} f(x)=f(1),$$

所以

$f(x)$在点$x=1$处连续．

例 1-32 设函数$f(x)=\begin{cases} \dfrac{x+a}{2}, & x<0, \\ \mathrm{e}, & x=0, \\ \dfrac{\sin bx}{ax}, & x>0, \end{cases}$在点$x=0$处连续，求$a$，$b$的值．

【解】 因为$f(x)$在点$x=0$处连续，所以$\lim_{x \to 0^-} f(x)=\lim_{x \to 0^+} f(x)=f(0)=\mathrm{e}$，

又$\lim_{x \to 0^-} f(x)=\lim_{x \to 0^-} \dfrac{x+a}{2}=\dfrac{a}{2}$，$\lim_{x \to 0^+} f(x)=\lim_{x \to 0^+} \dfrac{\sin bx}{ax}=\dfrac{b}{a}$，则有$\dfrac{a}{2}=\dfrac{b}{a}=\mathrm{e}$，解得$a=2\mathrm{e}$，$b=2\mathrm{e}^2$.

1.6.3 连续函数的性质

性质 1 若函数$f(x)$，$g(x)$在点x_0处都连续，则函数$f(x) \pm g(x)$，$f(x) \cdot g(x)$，$\dfrac{f(x)}{g(x)}(g(x) \neq 0)$也在点$x_0$处连续．

性质 2 若函数 $y=f(u)$ 在点 u_0 处连续，函数 $u=\varphi(x)$ 在点 x_0 处连续，且 $u_0=\varphi(x_0)$，则复合函数 $y=f[\varphi(x)]$ 在点 x_0 处连续.

即连续函数经过四则运算或复合得到的仍是连续函数，初等函数在定义域内都是连续函数.

性质 3(最值定理) 若函数 $f(x)$ 在 $[a, b]$ 上连续，则 $f(x)$ 在 $[a, b]$ 上一定存在最大值和最小值.

性质 4(零点定理) 若函数 $f(x)$ 在 $[a, b]$ 上连续，且 $f(a)$ 与 $f(b)$ 异号，则至少存在一点 $\xi\in(a, b)$，使得 $f(\xi)=0$.

零点定理说明：若 $f(x)$ 在 $[a, b]$ 上连续，且两个端点一个在 x 轴的上方，另一个在 x 轴的下方，则曲线 $y=f(x)$ 一定穿过 x 轴，即与 x 轴至少有一个交点.

例 1-33 证明方程 $x^3-4x+1=0$ 在 $(0, 1)$ 内至少有一个实根.

证 令 $f(x)=x^3-4x+1$，则 $f(x)$ 在 $[0, 1]$ 上连续，又 $f(0)=1>0$，$f(1)=-2<0$，故由零点定理可知，至少存在一点 $\xi\in(0, 1)$，使得 $f(\xi)=0$. 即 ξ 为方程 $x^3-4x+1=0$ 在 $(0, 1)$ 内的一个实根.

1.6.4 函数的间断点

1.6.4.1 函数间断点的概念

定义 26 若函数 $f(x)$ 在点 x_0 处满足下列条件之一，则称点 x_0 为函数 $f(x)$ 的间断点或不连续点.

(1) $f(x)$ 在点 x_0 处无定义；

(2) $\lim\limits_{x\to x_0}f(x)$ 不存在；

(3) $\lim\limits_{x\to x_0}f(x)\neq f(x_0)$.

如：函数 $y=\dfrac{x^2-1}{x-1}$ 在点 $x=1$ 处没有定义；符号函数 $y=\operatorname{sgn}x$ 在点 $x=0$ 处极限不存在；函数 $y=\begin{cases}x+1, & x\neq1,\\ 1, & x=1\end{cases}$ 虽然在点 $x=1$ 处有极限，但不等于这一点的函数值，以上三个函数在相应点处都是间断不连续的.

1.6.4.2 函数间断点的分类

根据函数 $f(x)$ 在点 x_0 处左、右极限是否存在，可把函数 $f(x)$ 的间断点分为两大类：

(1) 第一类间断点. 函数 $f(x)$ 在点 x_0 处左、右极限都存在的间断点，称为第一类间断点. 第一类间断点又有两种情况：

可去间断点：函数 $f(x)$ 在点 x_0 处左、右极限都存在且相等的间断点.

如：在函数 $y=\dfrac{x^2-1}{x-1}$ 中，点 $x=1$ 为可去间断点．如果点 x_0 为函数 $f(x)$ 的可去间断点，则在点 x_0 处通过补充定义的形式可将点 x_0 变为连续点．如：在函数 $y=\dfrac{x^2-1}{x-1}$ 中补充定义可得 $y=\begin{cases}\dfrac{x^2-1}{x-1}, & x\neq 1,\\ 2, & x=1,\end{cases}$ 则此函数在点 $x=1$ 处连续．

跳跃间断点：函数 $f(x)$ 在点 x_0 处左、右极限都存在但不相等的间断点．

如：符号函数 $y=\operatorname{sgn}x$ 中，点 $x=0$ 为其跳跃间断点．

(2)第二类间断点．函数 $f(x)$ 在点 x_0 处左、右极限至少有一个不存在的间断点，称为第二类间断点．第二类间断点也有两种情况：

无穷间断点：函数 $f(x)$ 在点 x_0 处的极限或左、右极限至少有一个为无穷大的间断点．

如：在函数 $y=\dfrac{1}{x}$ 中，因为 $\lim\limits_{x\to 0}\dfrac{1}{x}=\infty$，所以点 $x=0$ 为其无穷间断点．

振荡间断点：在函数 $f(x)$ 中，若当 $x\to x_0$ 时，函数值无限次地在两个不同的数之间变动，则称点 x_0 为函数 $f(x)$ 的振荡间断点．

如：函数 $y=\sin\dfrac{1}{x}$ 在 $x=0$ 处无定义，当 $x\to 0$ 时，函数值在 1 与 -1 之间无限次地变动，故 $x=0$ 为函数 $y=\sin\dfrac{1}{x}$ 的振荡间断点．

函数的间断点类型总结见表 1-1.

表 1-1　函数的间断点类型

分类		举例函数图像	举例函数间断点
第一类间断点	可去间断点		$x=1$
	跳跃间断点		$x=0$

续表

<table>
<tr><th colspan="2">分类</th><th>举例函数图像</th><th>举例函数间断点</th></tr>
<tr><td rowspan="2">第二类间断点</td><td>无穷间断点</td><td>$y=\frac{1}{x}$</td><td>$x=0$</td></tr>
<tr><td>振荡间断点</td><td>$y=\sin\frac{1}{x}$</td><td>$x=0$</td></tr>
</table>

例 1-34 讨论函数 $f(x)=\begin{cases}x-1, & x<0,\\ x+1, & x\geqslant 0\end{cases}$ 在点 $x=0$ 处间断点的类别．

【解】 因为

$$\lim_{x\to 0^-}f(x)=\lim_{x\to 0^-}(x-1)=-1,\lim_{x\to 0^+}f(x)=\lim_{x\to 0^+}(x+1)=1,$$

则有

$$\lim_{x\to 0^-}f(x)\neq\lim_{x\to 0^+}f(x),$$

故 $x=0$ 为 $f(x)$ 的跳跃间断点．

例 1-35 找出函数 $f(x)=\dfrac{x-1}{x^2+x-2}$ 的间断点，并指明类型．

【解】 由 $f(x)=\dfrac{x-1}{x^2+x-2}=\dfrac{x-1}{(x-1)(x+2)}$，得 $f(x)$ 的间断点为 $x=1$，$x=-2$，

又

$$\lim_{x\to 1}f(x)=\lim_{x\to 1}\frac{x-1}{x^2+x-2}=\lim_{x\to 1}\frac{x-1}{(x-1)(x+2)}=\lim_{x\to 1}\frac{1}{x+2}=\frac{1}{3},$$

$$\lim_{x\to -2}f(x)=\lim_{x\to -2}\frac{x-1}{x^2+x-2}=\lim_{x\to -2}\frac{x-1}{(x-1)(x+2)}=\lim_{x\to -2}\frac{1}{x+2}=\infty,$$

所以 $x=1$ 是 $f(x)$ 的可去间断点，$x=-2$ 是 $f(x)$ 的无穷间断点．

习题 1.6

一、选择题

1. 函数 $f(x)$ 在点 x_0 处有定义是 $f(x)$ 在点 x_0 处连续的(　　)．

A. 充要条件　　B. 充分条件　　C. 必要条件　　D. 无关条件

2. 函数 $f(x)$ 在点 x_0 处极限存在是 $f(x)$ 在点 x_0 处连续的(　　).

A. 充要条件　　B. 充分条件　　C. 必要条件　　D. 无关条件

3. 若函数 $f(x)=\begin{cases}\dfrac{x}{2}+k, & x\leqslant 0,\\ x^2+1, & x>0,\end{cases}$ 在点 $x=0$ 处连续，则 $k=$(　　).

A. -1　　B. $\dfrac{1}{2}$　　C. 2　　D. 1

4. $x=0$ 是函数 $f(x)=x\sin\dfrac{1}{x}$ 的(　　).

A. 可去间断点　　B. 跳跃间断点　　C. 无穷间断点　　D. 振荡间断点

5. $x=2$ 是函数 $f(x)=\dfrac{1}{x-2}$ 的(　　).

A. 可去间断点　　B. 跳跃间断点　　C. 无穷间断点　　D. 振荡间断点

6. 函数 $f(x)=\dfrac{x-4}{x^2-3x-4}$ 的间断点个数是(　　).

A. 3　　B. 2　　C. 1　　D. 0

二、填空题

1. $\lim\limits_{x\to x_0}f(x)=f(x_0)$ 是 $f(x)$ 在点 x_0 处连续的________条件.

2. 函数 $f(x)=\sqrt{x^2-2x-3}$ 的连续区间为________.

3. 若函数 $f(x)=\begin{cases}\dfrac{\sin 2x}{x}, & x<0,\\ 3x^2-2x+k, & x\geqslant 0,\end{cases}$ 在点 $x=0$ 处连续，则 $k=$________.

4. 若函数 $f(x)=\begin{cases}a\cos\pi x, & x<1,\\ \dfrac{2}{x}, & x\geqslant 1,\end{cases}$ 在点 $x=1$ 处连续，则 $a=$________.

三、解答题

1. 求下列函数的间断点，并指明其类型.

(1) $y=\dfrac{\sin x}{x}$;

(2) $y=\dfrac{x-1}{x^2-3x+2}$;

(3) $y=\dfrac{1-\cos x}{x^2}$;

(4) $y=\dfrac{|x|}{x}$;

(5) $y=\begin{cases}\dfrac{1-x^2}{1-x}, & x\neq 1,\\ 0, & x=1;\end{cases}$

(6) $y=\begin{cases}2x-1, & x<0,\\ 2x+1, & x>0.\end{cases}$

2. 证明方程 $x^3-4x^2+1=0$ 在区间(0, 1)内至少有一个实根.

3. 设函数 $f(x)=\begin{cases}\dfrac{x^2+ax+b}{x-2}, & x\neq 2,\\ 3, & x=2,\end{cases}$ 在 $(-\infty, +\infty)$ 内连续，求 a, b 的值.

复习题 1

一、选择题

1. 函数 $y=\sqrt{3-x}+\sin\sqrt{x}$ 的定义域为(　　).

A. [0, 1]　　B. [0, 3]

C. (0, 1)∪(1, 3]　　D. $[0, +\infty)$

2. 函数 $y=f(x)$ 与它的反函数 $y=f^{-1}(x)$ 的图像(　　).

A. 关于 x 轴对称　　B. 关于 y 轴对称

C. 关于直线 $y=x$ 对称　　D. 没有对称性

3. 当 $x\to\infty$ 时，$\dfrac{kx}{(2x+3)^4}$ 与 $\dfrac{1}{x^3}$ 是等价无穷小量，则常数 $k=$(　　).

A. 16　　B. 81　　C. 8　　D. 4

4. 若当 $x\to 0$ 时，$\sqrt{1-ax^2}-1\sim 2x^2$，则常数 $a=$(　　).

A. −4　　B. 0　　C. 1　　D. 不存在

5. $\lim\limits_{x\to\infty}\left(\dfrac{x-1}{x+1}\right)^x=$(　　).

A. e^{-2}　　B. e^{-1}　　C. 1　　D. e

6. 设函数 $f(x)=\begin{cases}x\sin\dfrac{1}{x}+\dfrac{1}{2}, & x<0,\\ a(1+x)^{\frac{1}{x}}, & x>0,\end{cases}$ 若 $\lim\limits_{x\to 0}f(x)$ 存在，则 $a=$(　　).

A. $\dfrac{3}{2}$　　B. $\dfrac{e^{-1}}{2}$　　C. $\dfrac{3e^{-1}}{2}$　　D. $\dfrac{1}{2}$

7. 函数 $f(x)=\dfrac{x-2}{x(x^2-4)}$ 的可去间断点个数是(　　).

A. 3　　B. 2　　C. 1　　D. 0

8. 函数 $f(x)=\dfrac{1}{\ln|x|}$ 的间断点个数是(　　).

A. 3　　B. 2　　C. 1　　D. 0

二、填空题

1. 函数 $y=\dfrac{x+2}{x-2}$的反函数是________.

2. 设函数$f(x)=\dfrac{x^2-1}{x-1}$，则当________时，它为无穷小量.

3. 当 $x\to\infty$ 时，$f(x)$与$\dfrac{3}{x}$为等价无穷小量，则$\lim\limits_{x\to\infty}2xf(x)=$________.

4. $\lim\limits_{x\to 1}\dfrac{\sin\pi x}{x-1}=$________.

5. $\lim\limits_{x\to\infty}\left(1+\dfrac{a}{x}\right)^{bx+d}=$________.

6. 函数$f(x)=\dfrac{\sin\sqrt{x}}{x^2-1}$的间断点是________.

三、解答题

1. 指出下列各复合函数的复合过程.

(1) $y=\ln(\arcsin x^2)$；　(2) $y=\arctan^3\sqrt{x-1}$.

2. 求下列数列的极限.

(1) $\lim\limits_{x\to\infty}\left(1+\dfrac{1}{2}+\dfrac{1}{4}+\cdots+\dfrac{1}{2^n}\right)$；　(2) $\lim\limits_{x\to\infty}\left(\dfrac{1+2+3+\cdots+n}{n+2}-\dfrac{n}{2}\right)$.

3. 求下列函数的极限.

(1) $\lim\limits_{x\to 1}\dfrac{4x-3}{x^2-3x+2}$；　(2) $\lim\limits_{x\to 4}\dfrac{\sqrt{2x+1}-3}{\sqrt{x-2}-\sqrt{2}}$；

(3) $\lim\limits_{x\to 1}\dfrac{\tan(x^2-1)}{x-1}$；　(4) $\lim\limits_{x\to 0}\left(\dfrac{1}{1+x}\right)^{\frac{1}{2x}+1}$；

(5) $\lim\limits_{x\to 0}\dfrac{\ln(1+ax)}{x}$；　(6) $\lim\limits_{x\to 1}x^{\frac{1}{1-x}}$.

4. 设$f(x)=\lim\limits_{t\to\infty}\left(1+\dfrac{x}{t}\right)^t$，求$f(\ln 2)$.

5. 证明方程 $xe^x-1=0$ 至少有一个小于 1 的正根.

学海乐园　函数极限的由来与发展

极限的思想是近代数学的一种重要思想，数学分析就是以极限概念为基础、极限理论为主要工具来研究函数的一门学科．

与一切科学的思想方法一样，极限思想也是社会实践的产物．极限思想可以追溯到公元前，庄子的《逍遥游》中有“上下四方有极乎？无极之外，复无极也……”可见庄子在宏观上阐述了极限思维．公元后，刘徽的割圆术就是建立在直观基础上的一种原始的极限思想的应用；古希腊人的穷竭法也蕴含了极限思想，但由于希腊人“对无限的恐惧”，他们避免明显地“取极限”，而是借助间接证法——归谬法来完成了有关的证明．

到了16世纪，荷兰数学家斯台文在考察三角形重心的过程中改进了古希腊人的穷竭法，他借助几何直观，大胆地运用极限思想思考问题，放弃了归缪法的证明．如此，他在无意中指出了把极限方法发展成为一个实用概念的方向．

极限思想的进一步发展是与微积分的建立紧密相连的．16世纪的欧洲处于资本主义萌芽时期，生产力得到极大的发展，生产和技术中大量的问题，只用初等数学的方法已无法解决，要求数学突破只研究常量的传统范围，而提供能够用以描述和研究运动、变化过程的新工具，这是促进极限发展、建立微积分的社会背景．

起初牛顿和莱布尼茨以无穷小概念为基础建立微积分，后来因遇到了逻辑困难，所以他们在晚年都不同程度地接受了极限思想．牛顿用路程的改变量Δs与时间的改变量Δt之比$\frac{\Delta s}{\Delta t}$表示运动物体的平均速度，让$\Delta t$无限趋近于零，得到物体的瞬时速度，并由此引出导数概念和微分学理论．

到了18世纪，罗宾斯、达朗贝尔与罗依里埃等人先后明确地表示，必须将极限作为微积分的基础概念，并且都对极限给出过各自的定义．其中达朗贝尔的定义是：一个量是另一个量的极限，假如第二个量比任意给定的值更为接近第一个量，它接近于极限的正确定义，然而，这些人的定义都无法摆脱对几何直观的依赖．事情也只能如此，因为19世纪以前的算术和几何概念大部分都是建立在几何量的概念上面的．

首先用极限概念给出导数正确定义的是捷克数学家波尔查诺，他把函数$f(x)$的导数定义为差商$\frac{\Delta y}{\Delta x}$的极限$f'(x)$，他强调指出$f'(x)$不是两个零的商．波尔查诺的思想是有价值的，但关于极限的本质他仍未能说清楚．

到了19世纪，法国数学家柯西在前人工作的基础上，比较完整地阐述了极限概念及其理论，他在《分析教程》中指出：“当一个变量逐次所取的值无限趋于一个定值，最终使变量的值和该定值之差要多小有多小，这个定值就叫作所有其他值的极限值，特别地，当一个变量的数值(绝对值)无限地减小使之收敛到极限0，就说这个变量成为无穷小”．

为了排除极限概念中的直观痕迹，维尔斯特拉斯提出了极限的静态的定义，给微积分提供了严格的理论基础．所谓$a_n=A$，就是指：“如果对任何$\varepsilon>0$，总存在自然数N，使得当$n>N$时，不等式$|a_n-A|<\varepsilon$恒成立”．

这个定义，借助不等式，通过 ε 和 N 之间的关系，定量地、具体地表达了两个“无限过程”之间的联系．因此，这样的定义是严格的，可以作为科学论证的基础，至今仍在数学分析书籍中使用．在该定义中，涉及的仅仅是数及其大小关系，此外只是给定、存在、任取等词语，摆脱了“趋近”一词．

极限思想揭示了变量与常量、无限与有限的对立统一关系，是唯物辩证法的对立统一规律在数学领域中的应用．借助极限思想，人们可以从有限认识无限，从“不变”认识“变”，从直线形认识曲线形，从量变认识质变，从近似认识精确．

第一章　函数与极限练习题

第 2 章 导数与微分

导数与微分是一元函数微分学的基本概念，导数是反映函数相对于自变量变化的快慢程度，微分则是当自变量发生微小变化时函数值的变化情况．本章我们将主要介绍导数和微分的概念及其运算．

- 导数与微分
  - 导数的概念
    - 引入
    - 导数的定义
    - 函数可导与连续的关系
  - 求导法则
  - 复合函数与反函数的导数
    - 复合函数求导法则
    - 反函数求导法则
    - 基本初等函数导数公式
  - 隐函数的导数与参数方程所确定的函数的导数
    - 隐函数的导数
    - 参数方程所确定的函数的导数
    - 取对数求导法
  - 高阶导数
  - 函数的微分
    - 微分的概念
    - 微分的几何意义
    - 微分的四则运算
    - 基本初等函数微分公式
    - 微分形式的不变性
    - 微分在近似计算中的应用

李善兰与中国近代数学

李善兰(1811—1882)，中国近代著名的数学家．对中国近代数学的发展作出了不可磨灭的贡献！其在数学研究方面的主要成就有尖锥术、垛积术和素数论．他创造的“尖锥求积术”理论相当于幂函数的定积分公式和逐项积分法则，主要著作有《方圆阐幽》《弧矢启秘》《对数探源》；垛积术理论是他使用微积分方法处理数学问题的创造性的成就，主要著作有《垛积比类》；素数论主要见于《考数根法》，这是中国素数论方面最早的著作．

李善兰一生翻译数学著作颇多，其中《代微积拾级》首次将微积分引入中国，他创译了许多科学名词，如“代数”“函数”“方程式”“导数”“微分”“积分”“级数”等，匠心独运，切贴恰当，沿用至今．

2.1　导数的概念

2.1.1　实际问题的引入

引例 1　已知曲线 $y=f(x)$ 上有一点 $P[x_0, f(x_0)]$，求曲线在点 P 处的切线斜率．

如图 2-1 所示，作割线 PQ，当点 Q 无限趋于点 P 时，即当 $\Delta x\to 0$ 时，可得曲线的切线 PT，因此，曲线过 P 点的切线斜率即是当 $\Delta x\to 0$ 时割线斜率的极限，于是有

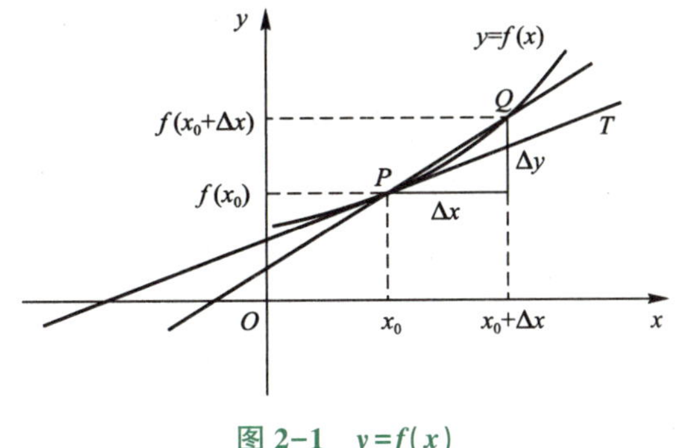

图 2-1　$y=f(x)$

$$k_{PQ}=\frac{\Delta y}{\Delta x}=\frac{f(x_0+\Delta x)-f(x_0)}{\Delta x},$$

$$k_{PT}=\lim_{\Delta x\to 0}\frac{\Delta y}{\Delta x}=\lim_{\Delta x\to 0}\frac{f(x_0+\Delta x)-f(x_0)}{\Delta x}.$$

引例 2 在变速直线运动中，平均速度的极限即为某一时刻的瞬时速度．

如图 2-2 所示，物体从 t_0 到 $t_0+\Delta t$ 时刻的平均速度为 $\bar{v}=\frac{\Delta s}{\Delta t}=\frac{s(t_0+\Delta t)-s(t_0)}{\Delta t}$，所以物体在时刻 t_0 的瞬时速度为 $v=\lim\limits_{\Delta t\to 0}\frac{\Delta s}{\Delta t}=\lim\limits_{\Delta t\to 0}\frac{s(t_0+\Delta t)-s(t_0)}{\Delta t}$.

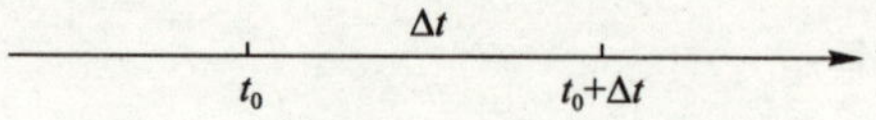

图 2-2　看到 $t_0+\Delta t$ 的平均速度

在上面两个具体实例中，尽管它们探讨的问题不一样，但从中可以抽象出相同的运算：即是由$\frac{\Delta y}{\Delta x}=\frac{f(x_0+\Delta x)-f(x_0)}{\Delta x}$求$\lim\limits_{\Delta x\to 0}\frac{\Delta y}{\Delta x}=\lim\limits_{\Delta x\to 0}\frac{f(x_0+\Delta x)-f(x_0)}{\Delta x}$的问题，我们把$\frac{\Delta y}{\Delta x}$称为平均变化率，$\lim\limits_{\Delta x\to 0}\frac{\Delta y}{\Delta x}$称为瞬时变化率，也就是我们所说的导数．

2.1.2　导数的定义

2.1.2.1　函数在某一点处的导数定义

定义 1 设函数 $y=f(x)$ 在点 x_0 的某个邻域内有定义，若极限

$\lim\limits_{\Delta x\to 0}\frac{\Delta y}{\Delta x}=\lim\limits_{\Delta x\to 0}\frac{f(x_0+\Delta x)-f(x_0)}{\Delta x}$存在，则称此极限为 $f(x)$ 在点 x_0 处的导数．记作 $f'(x_0)$，即

$$f'(x_0)=\lim_{\Delta x\to 0}\frac{\Delta y}{\Delta x}=\lim_{\Delta x\to 0}\frac{f(x_0+\Delta x)-f(x_0)}{\Delta x}.$$

此时称 $f(x)$ 在点 x_0 处可导，否则称 $f(x)$ 在点 x_0 处不可导．

函数 $f(x)$ 在点 x_0 处的导数还可表示为：

$$f'(x_0)=y'\bigg|_{x=x_0}=\frac{\mathrm{d}y}{\mathrm{d}x}\bigg|_{x=x_0}=\frac{\mathrm{d}f(x)}{\mathrm{d}x}\bigg|_{x=x_0}.$$

令 $x=x_0+\Delta x$，则 $\Delta x=x-x_0$，当 $\Delta x\to 0$ 时，有 $x\to x_0$，故函数在某一点处的导数的定义又可表示为

$$f'(x_0)=\lim_{x\to x_0}\frac{f(x)-f(x_0)}{x-x_0}.$$

2.1.2.2　单侧导数定义

定义 2　设函数 $y=f(x)$ 在点 x_0 的左邻域 $(x_0-\delta,\ x_0)$ 内有定义，若极限 $\lim\limits_{x\to x_0^-}\dfrac{f(x)-f(x_0)}{x-x_0}$ 存在，则称此极限为 $f(x)$ 在点 x_0 处的左导数．记作

$$f'_-(x_0)=\lim_{x\to x_0^-}\frac{f(x)-f(x_0)}{x-x_0}.$$

定义 3　设函数 $y=f(x)$ 在点 x_0 的右邻域 $(x_0,\ x_0+\delta)$ 内有定义，若极限 $\lim\limits_{x\to x_0^+}\dfrac{f(x)-f(x_0)}{x-x_0}$ 存在，则称此极限为 $f(x)$ 在点 x_0 处的右导数．记作

$$f'_+(x_0)=\lim_{x\to x_0^+}\frac{f(x)-f(x_0)}{x-x_0}.$$

定理 1　设函数 $y=f(x)$ 在点 x_0 处可导的充要条件是 $f(x)$ 在点 x_0 处的左、右导数存在且相等．

例 2-1　讨论函数 $y=|x|=\begin{cases}x, & x\geqslant 0,\\ -x, & x<0\end{cases}$ 在点 $x=0$ 处的导数的存在性．

【解】　因为 $f'_-(0)=\lim\limits_{x\to 0^-}\dfrac{f(x)-f(0)}{x-0}=\lim\limits_{x\to 0^-}\dfrac{-x}{x}=-1$，$f'_+(0)=\lim\limits_{x\to 0^+}\dfrac{f(x)-f(0)}{x-0}=\lim\limits_{x\to 0^+}\dfrac{x}{x}=1$，所以函数 $y=|x|$ 在点 $x=0$ 处不可导．

2.1.2.3　导函数定义

定义 4　设函数 $y=f(x)$ 在 $(a,\ b)$ 内每一点都可导，则称 $f(x)$ 在 $(a,\ b)$ 内可导．

由于任意 $x\in(a,\ b)$，都有唯一的 $f'(x)$ 与之对应，因此它们构成了一个函数关系，称之为导函数(简称导数)，可以表示为

$$f'(x)=\lim_{\Delta x\to 0}\frac{f(x+\Delta x)-f(x)}{\Delta x}.$$

函数 $f(x)$ 在点 x_0 处的导数还可表示为：$f'(x)=y'=\dfrac{\mathrm{d}y}{\mathrm{d}x}=\dfrac{\mathrm{d}f(x)}{\mathrm{d}x}$.

显然，函数 $f(x)$ 在点 x_0 处的导数 $f'(x_0)$ 就是导函数 $f'(x)$ 在点 $x=x_0$ 处的函数值，即 $f'(x_0)=f'(x)\Big|_{x=x_0}$.

导数的几何意义：函数 $y=f(x)$ 在点 x_0 处的导数 $f'(x_0)$ 就是曲线 $y=f(x)$ 在点 $(x_0,\ y_0)$ 处的切线的斜率，即 $k=f'(x_0)=\tan\alpha$，其中 α 是切线的倾角．

于是可得曲线 $y=f(x)$ 在点 $(x_0,\ y_0)$ 处的切线方程为

$$y-y_0=f'(x_0)(x-x_0),$$

法线方程为

$$y-y_0=-\frac{1}{f'(x_0)}(x-x_0),\ f'(x_0)\neq 0.$$

导数的物理意义：位置函数 $s=s(t)$ 在点 t_0 处的导数就是变速直线运动的物体在时刻 t_0 的瞬时速度，即 $s'(t_0)=v(t_0)$.

例 2-2 求 $y=C$（C 为常数）的导数.

【解】$y'=\lim\limits_{\Delta x\to 0}\dfrac{f(x+\Delta x)-f(x)}{\Delta x}=\lim\limits_{\Delta x\to 0}\dfrac{C-C}{\Delta x}=0$，即 $C'=0$（C 为常数）.

例 2-3 求 $y=x^n$ 的导数.

【解】

$$\begin{aligned}
y'&=\lim_{\Delta x\to 0}\frac{f(x+\Delta x)-f(x)}{\Delta x}=\lim_{\Delta x\to 0}\frac{(x+\Delta x)^n-x^n}{\Delta x}\\
&=\lim_{\Delta x\to 0}\frac{C_n^0x^n+C_n^1x^{n-1}\Delta x+C_n^2x^{n-2}\Delta x^2+\cdots+C_n^n\Delta x^n-x^n}{\Delta x}\\
&=\lim_{\Delta x\to 0}\left[nx^{n-1}+\Delta x(C_n^2x^{n-2}+\cdots+C_n^n\Delta x^{n-2})\right]\\
&=nx^{n-1}.
\end{aligned}$$

即 $(x^n)'=nx^{n-1}$. 当 n 为实数时结论也成立，后面将作证明.

特别地：$x'=1$，$\left(\dfrac{1}{x}\right)'=-\dfrac{1}{x^2}$，$(\sqrt{x})'=\dfrac{1}{2\sqrt{x}}$.

例 2-4 求 $y=\log_a x$ 的导数.

【解】

$$\begin{aligned}
y'&=\lim_{\Delta x\to 0}\frac{f(x+\Delta x)-f(x)}{\Delta x}=\lim_{\Delta x\to 0}\frac{\log_a(x+\Delta x)-\log_a x}{\Delta x}\\
&=\lim_{\Delta x\to 0}\frac{1}{\Delta x}\log_a\frac{x+\Delta x}{x}=\lim_{\Delta x\to 0}\log_a\left(1+\frac{\Delta x}{x}\right)^{\frac{1}{\Delta x}}\\
&=\log_a\lim_{\Delta x\to 0}\left[\left(1+\frac{\Delta x}{x}\right)^{\frac{x}{\Delta x}}\right]^{\frac{1}{x}}=\log_a\mathrm{e}^{\frac{1}{x}}\\
&=\frac{1}{x}\log_a\mathrm{e}=\frac{1}{x\ln a}.
\end{aligned}$$

即 $(\log_a x)'=\dfrac{1}{x\ln a}$.

特别地：$(\ln x)'=\dfrac{1}{x}$.

例 2-5 求 $y=\sin x$ 的导数.

【解】

$$y'=\lim_{\Delta x\to 0}\frac{f(x+\Delta x)-f(x)}{\Delta x}=\lim_{\Delta x\to 0}\frac{\sin(x+\Delta x)-\sin x}{\Delta x}$$

$$= \lim_{\Delta x \to 0} \frac{2\cos\left(x+\frac{\Delta x}{2}\right)\sin\frac{\Delta x}{2}}{\Delta x} = \lim_{\Delta x \to 0} \cos\left(x+\frac{\Delta x}{2}\right)\frac{\sin\frac{\Delta x}{2}}{\frac{\Delta x}{2}}$$

$$= \cos x.$$

即

$$(\sin x)' = \cos x.$$

类似可得

$$(\cos x)' = -\sin x.$$

以上推导过程中运用到了三角函数和差化积公式：

$$\sin\alpha - \sin\beta = 2\cos\frac{\alpha+\beta}{2}\sin\frac{\alpha-\beta}{2};$$

$$\cos\alpha - \cos\beta = -2\sin\frac{\alpha+\beta}{2}\sin\frac{\alpha-\beta}{2}.$$

例 2-6 求曲线 $y=x^3$ 在点 $A(1,\ 1)$处的切线方程与法线方程.

【解】 $y'=3x^2$，则切线的斜率为 $k_1 = y'\big|_{x=1} = 3$，法线的斜率为 $k_2 = -\frac{1}{3}$，所以曲线的切线方程为 $y-1=3(x-1)$，即 $y=3x-2$；法线方程为 $y-1=-\frac{1}{3}(x-1)$，即 $y=-\frac{x}{3}+\frac{4}{3}$.

2.1.3　函数可导与连续的关系

定理 2 若函数 $f(x)$ 在点 x_0 处可导，则 $f(x)$ 在点 x_0 处必连续.

证明　因为函数 $f(x)$ 在点 x_0 处可导，则有 $f'(x_0) = \lim_{\Delta x \to 0} \frac{\Delta y}{\Delta x}$，又因为 $\lim_{\Delta x \to 0} \Delta y = \lim_{\Delta x \to 0} \frac{\Delta y}{\Delta x} \cdot \Delta x = \lim_{\Delta x \to 0} \frac{\Delta y}{\Delta x} \cdot \lim_{\Delta x \to 0} \Delta x = f'(x_0) \cdot 0 = 0$，故函数 $f(x)$ 在点 x_0 处连续.

注：由定理可知，函数在某点可导必连续，但连续不一定可导．如绝对值函数在点 $x=0$ 处连续，但不可导.

例 2-7 设函数 $f(x)=\begin{cases} e^x, & x<0, \\ a-bx, & x\geqslant 0, \end{cases}$ 在点 $x=0$ 处可导，求 a，b 的值.

【解】 因为函数可导必连续，则在点 $x=0$ 处函数左、右极限相等，则有 $\lim_{x\to 0^-} f(x) = \lim_{x\to 0^-} e^x = 1$，$\lim_{x\to 0^+} f(x) = \lim_{x\to 0^+}(a-bx) = a$，所以 $a=1$.

又求得函数的左、右导数为：

$$f'_-(0) = \lim_{x\to 0^-}\frac{f(x)-f(0)}{x} = \lim_{x\to 0^-}\frac{e^x-1}{x} = \lim_{x\to 0^-}\frac{x}{x} = 1,$$

$$f'_+(0)=\lim_{x\to0^+}\frac{f(x)-f(0)}{x}=\lim_{x\to0^+}\frac{(1-bx)-1}{x}=-b,$$

函数在点 $x=0$ 处可导，则左、右导数相等，故有 $b=-1$.

习题 2.1

一、选择题

1. 函数 $f(x)$ 在点 x_0 处连续是 $f(x)$ 在点 x_0 处可导的（　　）.

A. 充要条件　　B. 充分条件　　C. 必要条件　　D. 无关条件

2. 设 $f(0)=0$，且极限 $\lim\limits_{x\to0}\frac{f(x)}{x}$ 存在，则 $\lim\limits_{x\to0}\frac{f(x)}{x}=$（　　）.

A. $f'(x)$　　B. $f'(0)$　　C. $f(0)$　　D. $\frac{1}{2}f'(0)$

3. 下列函数在点 $x=0$ 处可导的是（　　）.

A. $y=x^3$　　B. $y=|x|$　　C. $y=2\sqrt{x}$　　D. $y=\begin{cases}x, & x<0,\\ x^2, & x\geqslant0.\end{cases}$

4. 下列函数在点 $x=0$ 处不可导的是（　　）.

A. $y=\sin x$　　B. $y=\cos x$　　C. $y=\ln2$　　D. $y=|\sin x|$

二、填空题

1. 曲线 $y=x^3+1$ 在点(1, 2)处的切线方程是________.

2. 设 $f'(2)=1$，则 $\lim\limits_{h\to0}\frac{f(2+h)-f(2-h)}{2h}=$________.

3. 已知函数 $y=f(x)$ 在点 x_0 处可导，且 $\lim\limits_{h\to0}\frac{h}{f(x_0-h)-f(x_0)}=\frac{1}{4}$，则 $f'(x_0)=$________.

三、解答题

1. 讨论函数 $y=x|x|$ 在点 $x=0$ 处的可导性.

2. 讨论函数 $f(x)=\begin{cases}x^2\sin\frac{1}{x}, & x\neq0,\\ 0, & x=0,\end{cases}$ 在点 $x=0$ 处的连续性与可导性.

3. 设函数 $f(x)=\begin{cases}ax+1, & x\leqslant2,\\ x^2+b, & x>2,\end{cases}$ 在点 $x=2$ 处可导，试确定 a，b 的值.

4. 求曲线 $y=x^3+3x^2-5$ 在斜率 $k=-3$ 时的切线方程.

5. 求过点(2, 0)与曲线 $y=\frac{1}{x}$ 相切的直线方程.

2.2　求导法则

尽管根据导数的定义可以求出一些函数的导数，但是对每一个函数都按照定义去求它的导数，过程极为烦琐．本节将根据导数的定义推出导数的四则运算法则，以简化导数的计算过程．

导数的四则运算法则

设函数 $u=u(x)$，$v=v(x)$ 在定义域内可导，则有下列结论成立：

加减运算公式：$(u\pm v)'=u'\pm v'$.

推广：$(u+v+w)'=u'+v'+w'$.

乘法运算公式：$(uv)'=u'v+uv'$.

推广：$(uvw)'=u'vw+uv'w+uvw'$.

特别地，$(Cu)'=Cu'$（C 为常数）.

除法运算公式：$\left(\dfrac{u}{v}\right)'=\dfrac{u'v-uv'}{v^2}(v\neq0)$.

特别地，$\left(\dfrac{1}{v}\right)'=-\dfrac{v'}{v^2}$.

下面给出三组运算公式的推导过程：

令 $f(x)=u(x)+v(x)$，则

$$\begin{aligned}f'(x)&=\lim_{\Delta x\to0}\frac{f(x+\Delta x)-f(x)}{\Delta x}\\&=\lim_{\Delta x\to0}\frac{[u(x+\Delta x)+v(x+\Delta x)]-[u(x)+v(x)]}{\Delta x}\\&=\lim_{\Delta x\to0}\left[\frac{u(x+\Delta x)-u(x)}{\Delta x}+\frac{v(x+\Delta x)-v(x)}{\Delta x}\right]\\&=u'(x)+v'(x).\end{aligned}$$

故有 $(u+v)'=u'+v'$.

同理可得：$(u-v)'=u'-v'$.

令 $f(x)=u(x)v(x)$，则

$$f'(x)=\lim_{\Delta x\to0}\frac{f(x+\Delta x)-f(x)}{\Delta x}$$

$$=\lim_{\Delta x\to 0}\frac{u(x+\Delta x)v(x+\Delta x)-u(x)v(x)}{\Delta x}$$

$$=\lim_{\Delta x\to 0}\frac{u(x+\Delta x)v(x+\Delta x)-u(x)v(x+\Delta x)+u(x)v(x+\Delta x)-u(x)v(x)}{\Delta x}$$

$$=\lim_{\Delta x\to 0}\frac{[u(x+\Delta x)-u(x)]v(x+\Delta x)+u(x)[v(x+\Delta x)-v(x)]}{\Delta x}$$

$$=u'(x)v(x)+u(x)v'(x).$$

故有$(uv)'=u'v+uv'$.

令$f(x)=\dfrac{u(x)}{v(x)}$，则

$$f'(x)=\lim_{\Delta x\to 0}\frac{f(x+\Delta x)-f(x)}{\Delta x}$$

$$=\lim_{\Delta x\to 0}\frac{\dfrac{u(x+\Delta x)}{v(x+\Delta x)}-\dfrac{u(x)}{v(x)}}{\Delta x}$$

$$=\lim_{\Delta x\to 0}\frac{u(x+\Delta x)v(x)-v(x+\Delta x)u(x)}{\Delta xv(x+\Delta x)v(x)}$$

$$=\lim_{\Delta x\to 0}\frac{u(x+\Delta x)v(x)-u(x)v(x)-[v(x+\Delta x)u(x)-u(x)v(x)]}{\Delta xv(x+\Delta x)v(x)}$$

$$=\lim_{\Delta x\to 0}\frac{[u(x+\Delta x)-u(x)]v(x)-u(x)[v(x+\Delta x)-v(x)]}{\Delta xv(x+\Delta x)v(x)}$$

$$=\lim_{\Delta x\to 0}\frac{\dfrac{u(x+\Delta x)-u(x)}{\Delta x}v(x)-u(x)\dfrac{v(x+\Delta x)-v(x)}{\Delta x}}{v(x+\Delta x)v(x)}$$

$$=\frac{u'(x)v(x)-u(x)v'(x)}{v^2(x)}.$$

故有$\left(\dfrac{u}{v}\right)'=\dfrac{u'v-uv'}{v^2}$.

例 2-8 设$y=x^2+\sin x+1$，求y'.

【解】 $y'=(x^2+\sin x+1)'$

$=(x^2)'+(\sin x)'+1'$

$=2x+\cos x$.

例 2-9 设$y=\log_2 x-\sqrt{x}$，求y'.

【解】 $y'=(\log_2 x)'-(\sqrt{x})'$

$=\dfrac{1}{x\ln 2}-\dfrac{1}{2\sqrt{x}}$.

例 2-10 设 $y=\cos x\ln x$，求 y'.

【解】 $y'=(\cos x\ln x)'$

$=(\cos x)'\ln x+\cos x(\ln x)'$

$=-\sin x\ln x+\dfrac{\cos x}{x}$.

例 2-11 设 $y=\tan x$，求 y'.

【解】 $y'=(\tan x)'$

$=\left(\dfrac{\sin x}{\cos x}\right)'$

$=\dfrac{\cos^2 x+\sin^2 x}{\cos^2 x}$

$=\dfrac{1}{\cos^2 x}$

$=\sec^2 x$.

即 $(\tan x)'=\sec^2 x$.

类似可得：$(\cot x)'=-\csc^2 x$.

例 2-12 设 $y=\sec x$，求 y'.

【解】 $y'=(\sec x)'$

$=\left(\dfrac{1}{\cos x}\right)'$

$=-\dfrac{-\sin x}{\cos^2 x}$

$=\dfrac{\sin x}{\cos x}\cdot\dfrac{1}{\cos x}$

$=\sec x\cdot\tan x$.

即 $(\sec x)'=\sec x\cdot\tan x$.

类似可得：$(\csc x)'=-\csc x\cdot\cot x$.

习题 2. 2

一、选择题

1. 设 $f(x)=a_0x^n+a_1x^{n-1}+\cdots+a_{n-1}x+a_n$，则 $f'(0)=($　　$)$.

A. a_0　　B. a_1　　C. a_{n-1}　　D. a_n

2. 设 $f(x)=x(x-1)(x-2)(x-3)$，则 $f'(0)=($　　$)$.

A. -6　　B. 3　　C. 1　　D. 0

3. 设函数 $f(x)=(x-a)\varphi(x)$，其中 $\varphi(x)$ 在点 $x=a$ 处连续，则以下成立的是(　　).

A. $f'(x)=\varphi'(x)$　　B. $f'(a)=\varphi(a)$

C. $f'(a)=\varphi'(a)$　　D. $f'(x)=\varphi(x)+(x-a)\varphi'(x)$

二、填空题

1. 设函数 $y=\sqrt{x}+\sin x+2\ln x$，则 $y'=$________.

2. 设函数 $y=\sqrt{x}\cos x$，则 $y'=$________.

3. 设函数 $y=\dfrac{1}{x^2+x+3}$，则 $y'=$________.

三、解答题

1. 求下列函数的导数.

(1) $y=x^3-2x^2+3x-4$；　(2) $y=x\ln x$；

(3) $y=x^2\cos x$；　(4) $y=\sqrt{x}\sin x$；

(5) $y=x\tan x-2\sec x$；　(6) $y=x\sin x\ln x$.

2. 设 $f\left(x+\dfrac{1}{x}\right)=x^2+\dfrac{1}{x^2}+3$，求 $f'(x)$.

3. 已知函数 $f(x)=\sin x\cos x$，求 $f'\left(\dfrac{\pi}{4}\right)$，$f'\left(\dfrac{\pi}{6}\right)$.

4. 已知函数 $f(x)=(x+1)(x+2)^2(x+3)^3$，求 $f'(-1)$，$f'(-2)$，$f'(-3)$.

2.3　复合函数与反函数的导数

2.3.1　复合函数求导法则

定理 3　设函数 $y=f(u)$ 在点 $u(u=\varphi(x))$ 处可导，函数 $u=\varphi(x)$ 在点 x 处可导，则复合函数 $y=f[\varphi(x)]$ 在点 x 处可导，且

$$f[\varphi(x)]'=f'(u)\varphi'(x),$$

或

$$\frac{dy}{dx}=\frac{dy}{du}\cdot\frac{du}{dx}.$$

证　因为函数 $u=\varphi(x)$ 在点 x 处可导，所以函数 $u=\varphi(x)$ 在点 x 处连续，故当 $\Delta x\to 0$ 时，有 $\Delta u\to 0$. 则

$$\frac{dy}{dx}=\lim_{\Delta x\to 0}\frac{\Delta y}{\Delta x}=\lim_{\Delta x\to 0}\frac{\Delta y}{\Delta u}\cdot\frac{\Delta u}{\Delta x}=\lim_{\Delta u\to 0}\frac{\Delta y}{\Delta u}\cdot\lim_{\Delta x\to 0}\frac{\Delta u}{\Delta x}=\frac{dy}{du}\cdot\frac{du}{dx},$$

得证．

例 2-13 设 $y=\sin x^2$，求 y'.

【解】 令 $y=\sin u$，$u=x^2$，则

$$y'=(\sin u)'u'=(\sin u)'(x^2)'=\cos u\cdot 2x=2x\cos x^2.$$

例 2-14 设 $y=\ln(\sin x)$，求 y'.

【解】 令 $y=\ln u$，$u=\sin x$，则

$$y'=(\ln u)'u'=(\ln u)'(\sin x)'=\frac{1}{u}\cdot\cos x=\frac{\cos x}{\sin x}=\cot x.$$

对复合函数求导法则熟练后，在运算过程中，我们可以省略中间变量，直接进行计算．

例 2-15 设 $y=\sqrt{x^2+1}$，求 y'.

【解】 $y'=\left(\sqrt{x^2+1}\right)'=\dfrac{1}{2\sqrt{x^2+1}}(x^2+1)'=\dfrac{x}{\sqrt{x^2+1}}.$

例 2-16 设 $y=\ln\cos x^3$，求 y'.

【解】 $y'=(\ln\cos x^3)=\dfrac{1}{\cos x^3}(\cos x^3)'=\dfrac{1}{\cos x^3}\cdot(-\sin x^3)(x^3)'=-\dfrac{3x^2\sin x^3}{\cos x^3}=-3x^2\tan x^3.$

例 2-17 设 $y=\ln|x|$，求 y'.

【解】 当 $x>0$ 时，$y'=(\ln x)'=\dfrac{1}{x}$；

当 $x<0$ 时，$y'=[\ln(-x)]'=\dfrac{1}{-x}(-x)'=\dfrac{1}{x}.$

所以，当 $x\neq0$ 时，$(\ln|x|)'=\dfrac{1}{x}.$

2.3.2　反函数求导法则

定理 4 设 $y=f(x)$ 与 $x=\varphi(y)$ 互为反函数，若 $x=\varphi(y)$ 在点 y 处可导，且 $\varphi'(y)\neq0$，则 $y=f(x)$ 在点 x 处可导，且有

$$f'(x)=\frac{1}{\varphi'(y)}\text{或}\frac{\mathrm{d}y}{\mathrm{d}x}=\frac{1}{\frac{\mathrm{d}x}{\mathrm{d}y}}.$$

证　因为函数可导必连续，所以当 $\Delta x\to0$ 时，有 $\Delta y\to0$，故

$$f'(x)=\lim_{\Delta x\to0}\frac{\Delta y}{\Delta x}=\frac{1}{\lim\limits_{\Delta y\to0}\frac{\Delta x}{\Delta y}}=\frac{1}{\varphi'(y)},$$

得证 .

例 2-18 设 $y=a^x(a>0$ 且 $a\neq 1)$，求 y'.

【解】 $y=a^x$ 的反函数为 $x=\log_a y$，所以 $(a^x)'=\dfrac{1}{(\log_a y)'}=y\ln a=a^x\ln a$.

即 $(a^x)'=a^x\ln a$.

特别地：$(\mathrm{e}^x)'=\mathrm{e}^x$.

例 2-19 设 $y=\arcsin x$，求 y'.

【解】 $y=\arcsin x$ 的反函数为 $x=\sin y$，所以 $(\arcsin x)'=\dfrac{1}{(\sin y)'}=\dfrac{1}{\cos y}$，而

$$\cos y=\sqrt{1-\sin^2 y}=\sqrt{1-x^2}，故(\arcsin x)'=\frac{1}{(\sin y)'}=\frac{1}{\cos y}=\frac{1}{\sqrt{1-x^2}}.$$

即 $(\arcsin x)'=\dfrac{1}{\sqrt{1-x^2}}$.

类似可得：$(\arccos x)'=-\dfrac{1}{\sqrt{1-x^2}}$.

例 2-20 设 $y=\arctan x$，求 y'.

【解】 $y=\arctan x$ 的反函数为 $x=\tan y$，所以

$$(\arctan x)'=\frac{1}{(\tan y)'}=\frac{1}{\sec^2 y}=\frac{1}{1+\tan^2 y}=\frac{1}{1+x^2}.$$

即 $(\arctan x)'=\dfrac{1}{1+x^2}$.

类似可得：$(\operatorname{arccot} x)'=-\dfrac{1}{1+x^2}$.

例 2-21 证明：$(x^n)'=nx^{n-1}$（n 为实数）.

证 因为 $x^n=\mathrm{e}^{\ln x^n}=\mathrm{e}^{n\ln x}$，所以 $(x^n)'=(\mathrm{e}^{n\ln x})'=\mathrm{e}^{n\ln x}\cdot\dfrac{n}{x}=x^n\cdot\dfrac{n}{x}=nx^{n-1}$.

即 $(x^n)'=nx^{n-1}$.

2.3.3 基本初等函数导数公式

由导数的定义、四则运算法则、复合函数求导以及反函数求导，我们得到了 16 个基本初等函数的导数公式，总结如下：

(1) $C'=0$（C 为常数）； (2) $(x^n)'=nx^{n-1}$；

(3) $(a^x)'=a^x\ln a$； (4) $(\mathrm{e}^x)'=\mathrm{e}^x$；

(5) $(\log_a x)'=\dfrac{1}{x\ln a}$；　(6) $(\ln x)'=\dfrac{1}{x}$；

(7) $(\sin x)'=\cos x$；　(8) $(\cos x)'=-\sin x$；

(9) $(\tan x)'=\sec^2 x$；　(10) $(\cot x)'=-\csc^2 x$；

(11) $(\sec x)'=\sec x\cdot\tan x$；　(12) $(\csc x)'=-\csc x\cdot\cot x$；

(13) $(\arcsin x)'=\dfrac{1}{\sqrt{1-x^2}}$；　(14) $(\arccos x)'=-\dfrac{1}{\sqrt{1-x^2}}$；

(15) $(\arctan x)'=\dfrac{1}{1+x^2}$；　(16) $(\operatorname{arccot} x)'=-\dfrac{1}{1+x^2}$.

习题 2.3

一、选择题

1. $(\cos x^2)'=($　　$)$.

A. $-2\sin x^2$　　B. $-\sin x^2$　　C. $2x\sin x^2$　　D. $-2x\sin x^2$

2. 设 $y=x^3e^{-x}$，则 $y'=($　　$)$.

A. $3x^2e^{-x}$　　B. $-3x^2e^{-x}$　　C. $(3x^2+x^3)e^{-x}$　　D. $(3x^2-x^3)e^{-x}$

3. 设 $f(x)=x^2\sin\dfrac{1}{x}$，则 $f'\left(\dfrac{2}{\pi}\right)=($　　$)$.

A. 0　　B. $\dfrac{2}{\pi}$　　C. $\dfrac{4}{\pi}$　　D. 1

二、填空题

1. 设函数 $y=\arctan\dfrac{1+x}{1-x}$，则 $y'=$________.

2. 设函数 $y=\ln^3 x^2$，则 $y'=$________.

3. 设函数 $y=e^{x^2}$，则 $y'=$________.

三、解答题

1. 求下列函数的导数.

(1) $y=(2x+3)^4$；　(2) $y=\cos(-2x+1)$；

(3) $y=e^{-x}$；　(4) $y=\ln(x^2+1)$；

(5) $y=(\arcsin x)^2$；　(6) $y=\arctan e^x$.

2. 求下列函数的导数.

(1) $y=x(\sin\ln x-\cos\ln x)$；

(2) $y=x\sqrt{1-x^2}+\arcsin x$；

(3) $y=\sqrt{x}\ln(1+x)-2\sqrt{x}+2\arctan\sqrt{x}$；

(4) $y=\frac{1+x^2}{2}(\arctan x)^2-x\arctan x+\frac{1}{2}\ln(1+x^2)$.

3. 已知 $y=\frac{1-x^3}{\sqrt{x}}$，求 $f'(1)$.

4. 已知 $y=\arccos\frac{x-3}{3}-2\sqrt{\frac{6-x}{x}}$，求 $f'(3)$.

5. 若曲线 $y=ax^2+bx$ 与 $y=\ln\frac{x}{\mathrm{e}}$ 在点 $x=1$ 处有共同的切线，求 a，b 的值.

2.4 隐函数的导数与参数方程所确定的函数的导数

2.4.1 隐函数的导数

一般地，我们把形如 $y=f(x)$ 的函数称为显函数．如 $y=\mathrm{e}^x+1$，$y=x^2+\ln x$ 等．由二元方程 $F(x,\ y)=0$ 确定的函数称为隐函数，如 $\mathrm{e}^y+x+y=0$，$\sin x+xy-\ln y=0$ 等．

对于隐函数求导，我们可以在方程两边同时进行求导运算来完成，下面举例说明．

例 2-22 求由方程 $xy-\mathrm{e}^x+\mathrm{e}^y=0$ 所确定的隐函数的导数 y'.

【解】 方程两边同时对 x 求导，注意 $y=y(x)$，得

$$y+xy'-\mathrm{e}^x+\mathrm{e}^y\cdot y'=0,$$

解得

$$y'=\frac{\mathrm{e}^x-y}{x+\mathrm{e}^y}.$$

例 2-23 求曲线 $2x^2+3y^2=21$ 在点(3，1)处的切线方程．

【解】 方程两边同时对 x 求导，得 $4x+6yy'=0$，所以 $y'=-\frac{2x}{3y}$，故所求切线的斜率为 $k=y'\Big|_{(3,1)}=-\frac{2x}{3y}\Big|_{(3,1)}=-2$，所以曲线的切线方程为 $y-1=-2(x-3)$，即 $2x+y-7=0$.

2.4.2 参数方程所确定的函数的导数

一般地，若 y 与 x 之间的函数关系是由参数方程 $\begin{cases}x=\varphi(t)\\y=\psi(t)\end{cases}$ 所确定，则

$$\frac{\mathrm{d}y}{\mathrm{d}x}=\frac{\psi'(t)}{\varphi'(t)} 或 \frac{\mathrm{d}y}{\mathrm{d}x}=\frac{\frac{\mathrm{d}y}{\mathrm{d}t}}{\frac{\mathrm{d}x}{\mathrm{d}t}}.$$

证　设 $x=\varphi(t)$ 的反函数为 $t=\varphi^{-1}(x)$，则 $[\varphi^{-1}(x)]'=\frac{1}{\varphi'(t)}$，

因为 $y=\psi(t)=\psi[\varphi^{-1}(x)]$，所以 $\frac{\mathrm{d}y}{\mathrm{d}x}=\psi'(t)[\varphi^{-1}(x)]'=\frac{\psi'(t)}{\varphi'(t)}$.

例 2-24　设 $\begin{cases}x=\ln(t+1),\\ y=t^2+t.\end{cases}$，求 $\frac{\mathrm{d}y}{\mathrm{d}x}$.

【解】　$\frac{\mathrm{d}y}{\mathrm{d}x}=\frac{(t^2+t)'}{[\ln(t+1)]'}=\frac{2t+1}{\frac{1}{t+1}}=(2t+1)(t+1)=2t^2+3t+1.$

例 2-25　设 $\begin{cases}x=1-\sin\theta,\\ y=\theta-\cos\theta.\end{cases}$，求 $\frac{\mathrm{d}y}{\mathrm{d}x}$.

【解】　$\frac{\mathrm{d}y}{\mathrm{d}x}=\frac{(\theta-\cos\theta)'}{(1-\sin\theta)'}=-\frac{1+\sin\theta}{\cos\theta}.$

2.4.3　取对数求导法

对于有些函数，如幂指数函数，由多个函数的积、商、方幂构成的函数，很难用一般方法求出它们的导数，运用取对数求导法，可以很容易求出它们的导数，下面举例说明．

例 2-26　设 $y=x^x$，求 y'.

【解】　两边同时取以 e 为底的对数，得

$$\ln y=x\ln x,$$

两边对 x 求导，得

$$\frac{y'}{y}=\ln x+1,$$

所以

$$y'=x^x(\ln x+1).$$

例 2-27　设 $y=\sqrt{\frac{(x-1)(x-2)}{(x-3)(x-4)}}$，求 y'.

【解】　两边同时取以 e 为底的对数，得

$$\ln y=\frac{1}{2}[\ln(x-1)+\ln(x-2)-\ln(x-3)-\ln(x-4)],$$

两边对 x 求导，得

$$\frac{y'}{y}=\frac{1}{2}\left(\frac{1}{x-1}+\frac{1}{x-2}-\frac{1}{x-3}-\frac{1}{x-4}\right),$$

所以

$$y'=\frac{1}{2}\sqrt{\frac{(x-1)(x-2)}{(x-3)(x-4)}}\left(\frac{1}{x-1}+\frac{1}{x-2}-\frac{1}{x-3}-\frac{1}{x-4}\right).$$

习题 2.4

一、选择题

1. 已知 $xy+\ln y=0$，则 $\frac{dy}{dx}=($　　$)$.

A. $-\frac{\ln y}{x}$　　B. $-\frac{1}{xy}$　　C. $-\frac{y^2}{xy+1}$　　D. $-\frac{y^2+1}{xy}$

2. 已知 $\begin{cases}x=\cos t,\\ y=\sin t,\end{cases}$ 则 $t=\frac{\pi}{4}$ 处的切线方程为(　　).

A. $x-y=\sqrt{2}$　　B. $x+y=\sqrt{2}$　　C. $x+y=0$　　D. $x-y=0$

3. 已知 $\begin{cases}x=2e^t,\\ y=e^{-t},\end{cases}$ 则 $t=0$ 处的切线方程为(　　).

A. $x-2y+4=0$　　B. $2x+y-4=0$　　C. $x+2y-4=0$　　D. $2x-y-4=0$

4. 已知 $\begin{cases}x=a\cos\theta,\\ y=b\sin\theta,\end{cases}$ 则 $\theta=\frac{\pi}{4}$ 处的切线斜率为(　　).

A. $-\frac{b}{a}$　　B. $-\frac{a}{b}$　　C. $\frac{b}{a}$　　D. $\frac{a}{b}$

5. 过曲线 $xy=a(a>0)$ 上任意一点 $(x_0,\ y_0)$ 的切线与坐标轴所围成的三角形的面积为(　　).

A. a^2　　B. a　　C. $2a$　　D. $2a^2$

6. 过曲线 $\sqrt{x}+\sqrt{y}=\sqrt{a}$ 上任意一点 $(x_0,\ y_0)$ 的切线在两坐标轴上的截距之和为(　　).

A. $\sqrt{a}$　　B. a　　C. $2a$　　D. $2a^2$

二、填空题

1. 若 $e^y=xy$，则 $\frac{dy}{dx}=$________.

2. 若 $b^2x^2+a^2y^2=a^2b^2$，则 $\frac{dy}{dx}=$________.

3. 若 $y=x^{\sqrt{x}}$，则 $y'=$________.

三、解答题

1. 求下列隐函数的导数$\frac{dy}{dx}$.

(1) $y^3-3y+2x=0$;　　(2) $xy+\ln y-1=0$;

(3) $xy=e^{x+y}$;　　(4) $\ln\sqrt{x^2+y^2}=\arctan\frac{y}{x}$;

(5) $y=1+xe^y$;　　(6) $x^3+y^3-3axy=0$.

2. 求下列参数方程所确定的函数的导数$\frac{dy}{dx}$.

(1) $\begin{cases}x=t^2+1,\\ y=t^3+1;\end{cases}$　　(2) $\begin{cases}x=\cos\theta,\\ y=2\sin\theta;\end{cases}$

(3) $\begin{cases}x=at^2,\\ y=bt^3;\end{cases}$　　(4) $\begin{cases}x=\cos^4\theta,\\ y=\sin^4\theta.\end{cases}$

3. 设 $x^y=y^x$，求 y'.

4. 设 $y=(\sin x)^{\cos x}$，求 y'.

5. 设 $y=\sqrt{\frac{x(x+2)}{x-1}}$，求 y'.

6. 求曲线$\begin{cases}x=t^2+1,\\ y=t^3,\end{cases}$在点 $t=2$ 处的切线方程.

7. 求椭圆$\frac{x^2}{4}+\frac{y^2}{3}=1$上一点$\left(1,\frac{3}{2}\right)$处的切线方程和法线方程.

8. 设$f(x)$为可导的奇函数，证明$f'(x)$为偶函数.

2.5　高阶导数

在很多实际问题的研究中，我们不仅要知道某个函数的导数，有时还需要求导数的导数. 如，在变速直线运动中，位置函数的导数是瞬时速度，而瞬时速度的导数又是瞬时加速度，即位置函数的导数的导数是瞬时加速度，我们称瞬时加速度为位置函数的二阶导数.

定理 5　如果函数 $y=f(x)$ 的导数 $f'(x)$ 在点 x 处可导，则称 $f'(x)$ 在点 x 处的导数为函数 $f(x)$ 在点 x 处的二阶导数，记作

$$f''(x),\ y''\text{或}\frac{d^2y}{dx^2}.$$

根据导数的定义，即有$f''(x)=[f'(x)]'=\lim\limits_{\Delta x\to 0}\dfrac{f'(x+\Delta x)-f'(x)}{\Delta x}$.

类似地，二阶导数的导数称作三阶导数，三阶导数的导数称作四阶导数，…，$n-1$ 阶导数的导数称作 n 阶导数，依次记作

$$y'''=f'''(x)=\frac{d^3y}{dx^3},\ y^{(4)}=f^{(4)}(x)=\frac{d^4y}{dx^4},\ \cdots,\ y^{(n)}=f^{(n)}(x)=\frac{d^ny}{dx^n}.$$

二阶及二阶以上的导数统称为高阶导数.

例 2-28 设 $y=\ln x$，求 y''.

【解】 $y'=(\ln x)'=\dfrac{1}{x}$，$y''=\left(\dfrac{1}{x}\right)'=-\dfrac{1}{x^2}$.

例 2-29 设 $y=a^x$，求 $y^{(n)}$.

【解】 $y'=(a^x)'=a^x\ln a$，

$y''=(a^x\ln a)'=a^x\ln^2 a$，

$y'''=(a^x\ln^2 a)'=a^x\ln^3 a$，

…

$y^{(n)}=(a^x\ln^{n-1}a)'=a^x\ln^n a$.

即：$(a^x)^{(n)}=a^x\ln^n a$.

特别地：当 $a=\mathrm{e}$ 时，有$(\mathrm{e}^x)^{(n)}=\mathrm{e}^x$.

例 2-30 设 $y=x^n$，求 $y^{(n)}$.

【解】 $y'=(x^n)'=nx^{n-1}$，

$y''=(nx^{n-1})'=n(n-1)x^{n-2}$，

$y'''=[n(n-1)x^{n-2}]'=n(n-1)(n-2)x^{n-3}$，

…

$y^{(n)}=[n(n-1)\cdots 2x]'=n!$.

例 2-31 设 $y=\sin x$，求 $y^{(n)}$.

【解】 $y'=\cos x=\sin\left(x+\dfrac{\pi}{2}\right)$，

$y''=-\sin x=\sin\left(x+\dfrac{2\pi}{2}\right)$，

$y'''=-\cos x=\sin\left(x+\dfrac{3\pi}{2}\right)$，

…

$y^{(n)}=\sin\left(x+\dfrac{n\pi}{2}\right)$.

即$(\sin x)^{(n)}=\sin\left(x+\frac{n\pi}{2}\right)$.

同理可得：$(\cos x)^{(n)}=\cos\left(x+\frac{n\pi}{2}\right)$.

习题 2.5

一、选择题

1. 设函数$f(x)=e^{2x-1}$，则$f''(0)=($　　$)$.

A. 0　　B. e^{-1}　　C. $4e^{-1}$　　D. e

2. 设$y=f(\ln x)$，且$f(x)$的二阶导数存在，则$y''=($　　$)$.

A. $\frac{1}{x^2}[f''(\ln x)-f'(\ln x)]$　　B. $\frac{1}{x^2}[f''(\ln x)+f'(\ln x)]$

C. $\frac{1}{x^2}[f'(\ln x)-f''(\ln x)]$　　D. $-\frac{1}{x^2}f'(\ln x)+\frac{1}{x}f''(\ln x)$

3. 设$y=3x^4e^{10}$，则$y^{(10)}=($　　$)$.

A. 0　　B. 1　　C. e　　D. e^{10}

4. 设$y=x\ln x$，则$y^{(10)}=($　　$)$.

A. $-\frac{1}{x^9}$　　B. $\frac{1}{x^9}$　　C. $\frac{8!}{x^9}$　　D. $-\frac{8!}{x^9}$

5. 已知函数$f(x)$具有任意阶导数，且$f'(x)=[f(x)]^2$，则$f^{(n)}(x)=($　　$)$.

A. $n[f(x)]^{n+1}$　　B. $n![f(x)]^{n+1}$　　C. $n[f(x)]^{2n}$　　D. $n![f(x)]^{2n}$

二、填空题

1. 若$y=\ln\frac{2-x}{2+x}$，则$y''(1)=$________.

2. 若$f(x)=e^{3x-1}$，则$f''(0)=$________.

3. 若$y=e^{\cos x}$，则$y''=$________.

4. 若$y=e^{\sqrt{x}}$，则$y''=$________.

5. 若$y=x\ln x$，则$y''=$________.

三、解答题

1. 求下列函数的二阶导数y''.

(1) $y=x^4+2x^3-3x^2+4x+5$；　　(2) $y=e^x\sin x$；

(3) $y=(1+x^2)\arctan x$；　　(4) $y=xe^{x^2}$；

(5) $\sqrt{x}+\sqrt{y}=\sqrt{a}$；　　(6) $y=f(x^2+b)$.

2. 设$y=\frac{x}{\ln x}$，求y''.

3. 设 $y=\ln\tan x$，求 y''.

4. 设 $f(x)=\arctan 2x$，求 $f''(-1)$.

5. 求由方程 $x^2+y^2=a^2$ 所确定的隐函数 $y=f(x)$ 的二阶导数 y''.

2.6　函数的微分

前面我们了解了函数的导数表示函数在某点处的瞬时变化率，它描述了函数在某点处变化的快慢程度．有时我们还需要了解函数在某一点当自变量取得一个微小的改变量时，函数取得的相应改变量的大小，这就引进了微分的概念．

2.6.1　微分的概念

在给出微分概念之前，我们先看一个具体实例．

如图 2-2 所示，设有一边长为 x 的正方形，当边长增加 Δx 时，面积改变了多少？

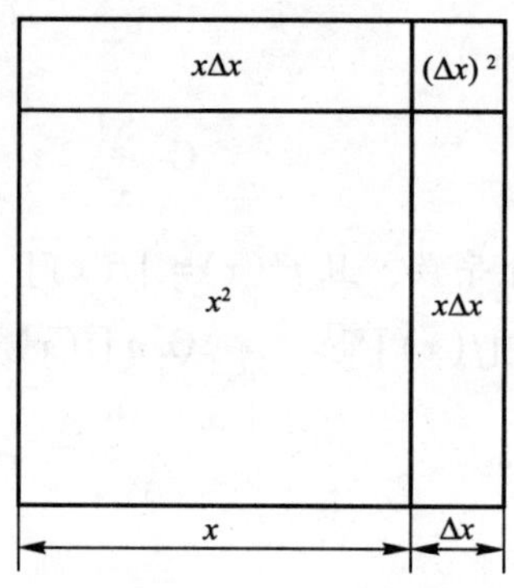

图 2-2　正方形面积

【解】　$\Delta S=(x+\Delta x)^2-x^2=2x\Delta x+(\Delta x)^2$.

以上正方形面积的增量 ΔS 由两部分组成：第一部分 $2x\Delta x$ 是 Δx 的线性函数，第二部分 $(\Delta x)^2$ 是当 $\Delta x\to 0$ 时 Δx 的高阶无穷小量．因此，当 Δx 很小时，我们可以用第一部分近似地表示 ΔS，而将第二部分忽略掉，其差 $\Delta S-2x\Delta x$ 只是一个比 Δx 高阶的无穷小量．我们把 $2x\Delta x$ 叫作正方形面积 S 的微分，记作 dS，即 $dS=2x\Delta x$. 因为 $S=x^2$，所以 $S'=2x$，故 $dS=S'\Delta x$. 根据以上实例，下面给出一般函数的微分概念．

定理 6　设函数 $y=f(x)$ 在点 x_0 处有导数 $f'(x_0)$，则称 $f'(x_0)\Delta x$ 为函数 $y=f(x)$ 在点 x_0 处的微分，记作 $dy\big|_{x=x_0}$ 或 $df(x)\big|_{x=x_0}$，即 $dy\big|_{x=x_0}=f'(x_0)\Delta x$.

这时称函数 $y=f(x)$ 在点 x_0 处可微．

定理7 若函数 $y=f(x)$ 在区间 D 上每一点都可微，则称函数 $y=f(x)$ 在区间 D 上可微，记作 $\mathrm{d}y$，即 $\mathrm{d}y=f'(x)\Delta x$.

令 $y=x$，则 $\mathrm{d}y=\mathrm{d}x$，$f'(x)=y'=1$，代入微分表达式中，则有 $\mathrm{d}x=\Delta x$.

因此函数的微分又可以记作 $\mathrm{d}y=f'(x)\mathrm{d}x$，即函数的微分等于函数的导数与自变量微分的乘积.

将微分表达式变形，可得 $f'(x)=\dfrac{\mathrm{d}y}{\mathrm{d}x}$，因此，函数的导数又常称为微商.

微分与可导之间的关系：函数可微必可导，可导必可微.

例 2-32 求函数 $y=x^2$ 当 x 由 1 变到 1.001 时的微分.

【解】 依题意，得

$$\mathrm{d}y=f'(x)\Delta x=2x\Delta x,$$

而

$$x=1,\ \Delta x=1.001-1=0.001,$$

所以

$$\mathrm{d}y\big|_{x=1}=2\times1\times0.001=0.002.$$

2.6.2　微分的几何意义

如图 2-3 所示，$f'(x)=\tan\alpha$，$\mathrm{d}y=\tan\alpha\cdot\Delta x=f'(x)\Delta x=f'(x)\mathrm{d}x$.

因此，函数的微分 $\mathrm{d}y$ 就是过点 $P(x,\ y)$ 的切线的纵坐标的改变量.

Δy 与 $\mathrm{d}y$ 的关系为：

$$\Delta y=\mathrm{d}y+o(\Delta x).$$

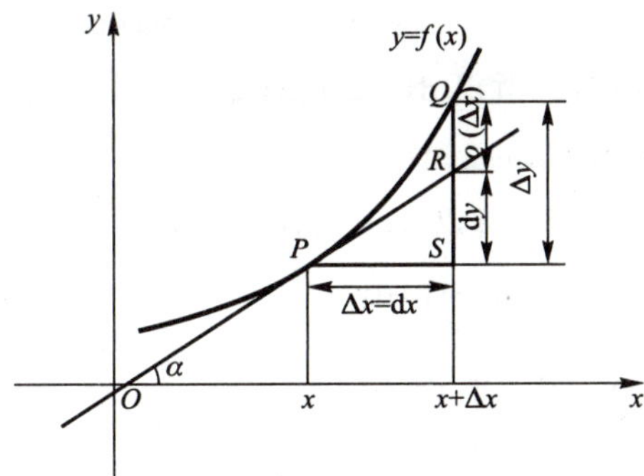

图 2-3　微分的几何意义

2.6.3　微分的四则运算

由 $\mathrm{d}y=f'(x)\mathrm{d}x$ 可知，求微分 $\mathrm{d}y$，只需求出导数 $f'(x)$，再乘以 $\mathrm{d}x$ 即可.

因此，由导数的四则运算法则可推出微分的四则运算法则：

(1) $d(u\pm v)=du\pm dv$;

(2) $d(uv)=du\cdot v+u\cdot dv$;

(3) $d(Cu)=Cdu$（C 为常数）;

(4) $d\left(\frac{u}{v}\right)=\frac{du\cdot v-u\cdot dv}{v^2}$.

2.6.4 基本初等函数微分公式

由基本初等函数导数公式可推出基本初等函数微分公式如下：

(1) $dC=0$（C 为常数）;

(2) $dx^n=nx^{n-1}dx$;

(3) $da^x=a^x\ln a dx$;

(4) $de^x=e^x dx$;

(5) $d\log_a x=\frac{1}{x\ln a}dx$;

(6) $d\ln x=\frac{1}{x}dx$;

(7) $d\sin x=\cos x dx$;

(8) $d\cos x=-\sin x dx$;

(9) $d\tan x=\sec^2 x dx$;

(10) $d\cot x=-\csc^2 x dx$;

(11) $d\sec x=\sec x\cdot\tan x dx$;

(12) $d\csc x=-\csc x\cdot\cot x dx$;

(13) $d\arcsin x=\frac{1}{\sqrt{1-x^2}}dx$;

(14) $d\arccos x=-\frac{1}{\sqrt{1-x^2}}dx$;

(15) $d\arctan x=\frac{1}{1+x^2}dx$;

(16) $d\text{arccot} x=-\frac{1}{1+x^2}dx$.

例 2-33 求下列函数的微分：

(1) $y=\sin 2x$;

(2) $y=x\ln x$.

【解】 (1) 因为 $y'=2\cos 2x$，所以 $dy=2\cos 2x dx$.

或 $dy=d\sin 2x=(\sin 2x)'dx=2\cos 2x dx$.

(2) 因为 $y'=(x\ln x)'=\ln x+1$，所以 $dy=(\ln x+1)dx$.

或 $dy=d(x\ln x)=(x\ln x)'dx=(\ln x+1)dx$.

例 2-34 已知方程 $x^2-y^2=2$，求 dy.

【解】 在方程两边同时对自变量 x 求导，得

$$2x-2y\cdot y'=0,$$

解得

$$y'=\frac{x}{y},$$

所以

$$dy=\frac{x}{y}dx.$$

2.6.5　微分形式的不变性

我们知道，如果函数 $y=f(u)$ 对 u 是可导的，则

(1)当 u 是自变量时，此时函数的微分为 $dy=f'(u)du$；

(2)当 u 不是自变量，而是 x 的可导函数 $u=\varphi(x)$ 时，y 为 x 的复合函数，根据复合函数求导法则，y 对 x 的导数为 $\frac{dy}{dx}=f'(u)\varphi'(x)$，于是有 $dy=f'(u)\varphi'(x)dx$，而 $du=\varphi'(x)dx$，所以也有 $dy=f'(u)du$.

由此可见，对函数 $y=f(u)$ 来说，不论 u 是自变量，还是自变量的可导函数，它的微分形式都是 $dy=f'(u)du$，我们把这一性质叫作一阶微分形式的不变性．

例 2-35 设 $y=\ln(\sin x)$，求 dy.

【解】 利用微分定义求解，得：$dy=[\ln(\sin x)]'dx=\cot x dx$；

利用微分形式不变性求解，得：$dy=\frac{1}{\sin x}d(\sin x)=\frac{\cos x}{\sin x}dx=\cot x dx$.

2.6.6　微分在近似计算中的应用

当函数 $f(x)$ 在点 x_0 处可微时，有

$$\Delta y=dy+o(\Delta x),$$

即

$$\Delta y=f'(x_0)\Delta x+o(\Delta x),$$

当 $|\Delta x|$ 很小时，

$$\Delta y\approx f'(x_0)\Delta x,$$

因为

$$\Delta y=f(x_0+\Delta x)-f(x_0),$$

所以可得

$$f(x_0+\Delta x)\approx f(x_0)+f'(x_0)\Delta x,$$

令 $x=x_0+\Delta x$，$\Delta x=x-x_0$，由上式可得

$$f(x)\approx f(x_0)+f'(x_0)\Delta x,$$

或

$$f(x)\approx f(x_0)+f'(x_0)(x-x_0).$$

上式称为微分近似计算公式．

例 2-36 有一金属圆盘，半径为 10 cm，加热后半径伸长了 0.05 cm，问面积大约增加了多少？

【解】 由 $S=\pi r^2$，得 $S'=2\pi r$，当 $r=10\text{cm}$，$\Delta r=0.05\text{cm}$ 时，面积的改变量大约为

$$\Delta S\approx \mathrm{d}S=S'\Delta r=2\pi r\Delta r,$$

所以

$$\Delta S\approx 2\times 3.14\times 10\times 0.05=3.14(\text{cm}^2).$$

例 2-37 求$\sqrt{1.02}$的近似值.

【解】 设$f(x)=\sqrt{x}$，则$f'(x)=\dfrac{1}{2\sqrt{x}}$，

令

$$x=1.02,\ x_0=1,\ \Delta x=x-x_0=0.02,$$

因为

$$f(x)\approx f(x_0)+f'(x_0)\Delta x,$$

所以

$$\sqrt{1.02}\approx\sqrt{1}+\frac{1}{2\sqrt{1}}\times 0.02,$$

解得

$$\sqrt{1.02}\approx 1.01.$$

例 2-38 求 sin29°的近似值.

【解】 设$f(x)=\sin x$，则$f'(x)=\cos x$，

令

$$x=29°,\ x_0=30°,\ \Delta x=x-x_0=-1°\approx -0.0175,$$

因为

$$f(x)\approx f(x_0)+f'(x_0)\Delta x,$$

所以

$$\sin 29°\approx\sin 30°+\cos 30°\times(-0.0175),$$

解得

$$\sin 29°\approx 0.485.$$

习题 2.6

一、选择题

1. 函数$f(x)$在点x_0处可导是函数$f(x)$在该点处可微的(　　).

A. 充要条件　　　　B. 充分条件

C. 必要条件　　D. 无关条件

2. 函数 $y=|x+2|$ 在点 $x=-2$ 处(　　).

A. 极限不存在　　B. 极限存在但不连续

C. 连续但不可导　　D. 可导且可微

3. 设 $f(x)=\ln\frac{1}{x}-\ln 2$，则 $df(x)=$(　　).

A. $\left(x-\frac{1}{x}\right)dx$　　B. xdx

C. $\left(-\frac{1}{x}-\frac{1}{2}\right)dx$　　D. $-\frac{1}{x}dx$

4. 设 $f(x)=e^{2x}$，则 $dy=$(　　).

A. $e^{2x}dx$　　B. $2e^{2x}dx$

C. $4e^{2x}dx$　　D. $2e^{x}dx$

5. 设 $y=e^{-x}\cos x$，则 $dy=$(　　).

A. $-e^{-x}(\sin x+\cos x)dx$　　B. $e^{-x}(\sin x-\cos x)dx$

C. $e^{-x}(\sin x+\cos x)dx$　　D. $e^{-x}(\cos x-\sin x)dx$

6. 设 $f(x)=2x^3$，则 $dy=$(　　).

A. $2x^2dx$　　B. $6x^2dx$

C. $3x^2dx$　　D. x^2dx

7. 设 $y=x+\ln x$，则 $dy=$(　　).

A. $(1+e^x)dx$　　B. $(1+x^{-1})dx$

C. $x^{-1}dx$　　D. $\ln xdx$

8. 利用微分近似计算 $\sqrt[3]{131}\approx$(　　).

A. 5.05　　B. 5.25

C. 5.01　　D. 5.08

二、填空题

1. 若 $y=\frac{x}{1-x^2}$，则 $dy=$________.

2. 若 $y=f(\sin x)$，则 $dy=$________.

3. 若 $y=x+\frac{1}{2}\sin y$，则 $dy=$________.

4. 若 $y=\ln\sqrt{1-x^3}$，则 $dy=$________.

三、解答题

1. 求下列函数的微分 dy.

(1) $y=\sin^2(2x+3)$；

(2) $y=(1+x^3)^{\frac{5}{3}}$；

(3) $\sqrt{x}+\sqrt{y}=\sqrt{a}$；

(4) $y=x\ln x-x$；

(5) $y=x^2e^{2x}$；

(6) $y=\dfrac{x}{\sqrt{1+x^2}}$.

2. 求函数 $y=x^3-x$ 在点 $x=2$ 处，Δx 分别等于 -0.1，0.01 时的增量 Δy 和微分 dy.

3. 设函数 $y=\arctan x$，$x_0=1$，$\Delta x=0.02$，求 dy.

4. 求由方程 $e^y=xy$ 所确定的隐函数的微分 dy.

5. 求下列各式的近似值.

(1) $\sqrt[5]{0.95}$；

(2) $\sqrt[3]{8.02}$；

(3) $\ln 1.01$；

(4) $e^{0.05}$；

(5) $\cos 60°20'$；

(6) $\arctan 1.02$.

6. 有一正方体，棱长为 10 m，如果棱长增加 0.1 m，求此正方体体积增加的精确值与近似值.

复习题 2

一、选择题

1. 若下列各极限均存在，其中不一定成立的是（　　）.

A. $\lim\limits_{x\to 0}\dfrac{f(x)-f(0)}{x}=f'(0)$

B. $\lim\limits_{\Delta x\to 0}\dfrac{f(x_0)-f(x_0-\Delta x)}{\Delta x}=f'(x_0)$

C. $\lim\limits_{\Delta x\to 0}\dfrac{f(x_0+\Delta x)-f(x_0-\Delta x)}{2\Delta x}=f'(x_0)$

D. $\lim\limits_{\Delta x\to 0^-}\dfrac{f(a+\Delta x)-f(a)}{\Delta x}=f'(a)$

2. 设函数 $f(x)$ 在点 $x=1$ 处可导，且 $\lim\limits_{\Delta x\to 0}\dfrac{f(1+2\Delta x)-f(1)}{\Delta x}=\dfrac{1}{2}$，则 $f'(1)=$（　　）.

A. $\dfrac{1}{2}$

B. $\dfrac{1}{4}$

C. $-\dfrac{1}{4}$

D. $-\dfrac{1}{2}$

3. 函数 $f(x)=\begin{cases}x^2, & x\leqslant 1,\\ 2x-1, & x>1\end{cases}$ 在点 $x=1$ 处（　　）.

A. 无极限

B. 不连续

C. 可导

D. 不可导

4. 曲线 $y=x^3$ 在点(1，1)处的切线方程是(　　).

A. $3x-y-2=0$　　B. $x+3y-2=0$

C. $x-3y-2=0$　　D. $3x+y-2=0$

5. 设 $y=(2x^2+1)^5$，则 $y'=$(　　).

A. $20x(2x^2+1)^4$　　B. $10x(2x^2+1)^4$

C. $20(2x^2+1)^4$　　D. $10x(4x+1)^4$

6. 设 $x^3+y^3-3xy=0$，则 $\mathrm{d}y=$(　　).

A. $\left(\dfrac{y-x^2}{y^2-x}\right)\mathrm{d}x$　　B. $\left(\dfrac{x^2-y}{y^2-x}\right)\mathrm{d}x$

C. $-\dfrac{y}{x}\mathrm{d}x$　　D. $\dfrac{y^2}{x}\mathrm{d}x$

7. 利用微分近似计算 $\sqrt[5]{34}\approx$(　　).

A. 2.005　　B. 2.025

C. 2.015　　D. 2.125

二、填空题

1. 设函数 $y=x\mathrm{e}^x\csc x$，则 $y'=$________.

2. 设函数 $y=\dfrac{x^2-1}{x^2+1}$，则 $y'\big|_{x=1}=$________.

3. 若 $y=(\ln x)^x$，则 $y'=$________.

4. 若 $f(x)=\ln(1+x^2)$，则 $f''(x)=$________.

5. 若 $y^{(n-2)}=a^x+x^a+a^a$，则 $y^{(n)}=$________.

6. 若 $y=\tan\dfrac{x}{2}$，则 $\mathrm{d}y=$________.

三、解答题

1. 求下列函数的导数.

(1) $y=\dfrac{\sin x-\cos x}{\sin x+\cos x}$；　　(2) $y=\dfrac{1-\ln x}{1+\ln x}$；

(3) $y=\ln(\ln x)$；　　(4) $y=\ln\tan\dfrac{x}{2}$；

(5) $y=\mathrm{e}^{\frac{1}{x}}$；　　(6) $y=\dfrac{\mathrm{e}^x-\mathrm{e}^{-x}}{\mathrm{e}^x+\mathrm{e}^{-x}}$；

(7) $y=x(\arcsin x)^2+2\sqrt{1-x^2}\arcsin x-2x$.

2. 求下列函数的二阶导数.

(1) $y=\mathrm{e}^{x^2}\cos x$；　　(2) $y=\ln(\sin x)$；

(3) $y=\ln(\sec x+\tan x)$；　　(4) $y=x^x$.

3. 设 $y=\frac{\sin x}{x}+x\ln x+5x-7$，求 dy.

4. 讨论函数 $f(x)=\begin{cases}-2x, & x\leqslant 0,\\ x^2, & x>0,\end{cases}$ 在点 $x=0$ 处的连续性与可导性.

5. 证明：曲线 $y=\frac{1}{x}$ 上任一点 (x_0, y_0) 处的切线与两坐标轴围成的三角形面积是一个定值.

学海乐园 导数的起源

导数，也叫导函数值，又名微商，是微积分中的重要基础概念. 当函数 $y=f(x)$ 的自变量 x 在一点 x_0 上产生一个增量 Δx 时，函数输出值的增量 Δy 与自变量增量 Δx 的比值在 Δx 趋于 0 时的极限 a 如果存在，a 即为在 x_0 处的导数，记作 $f'(x_0)$ 或 $\frac{df(x_0)}{dx}$.

导数是函数的局部性质. 一个函数在某一点的导数描述了这个函数在这一点附近的变化率. 如果函数的自变量和取值都是实数，函数在某一点的导数就是该函数所代表的曲线在这一点上的切线斜率. 导数的本质是通过极限的概念对函数进行局部的线性逼近. 例如在运动学中，物体的位移对于时间的导数就是物体的瞬时速度.

不是所有的函数都有导数，一个函数也不一定在所有的点上都有导数. 若某函数在某一点导数存在，则称其在这一点可导，否则称为不可导. 然而，可导的函数一定是连续的；不连续的函数一定不可导.

对于可导的函数 $f(x)$，$f'(x)$ 也是一个函数，称作 $f(x)$ 的导函数(简称导数). 寻找已知的函数在某点的导数或其导函数的过程称为求导. 实质上，求导就是一个求极限的过程，导数的四则运算法则也来源于极限的四则运算法则. 反之，已知导函数也可以反过来求原来的函数，即不定积分.

大约在 1629 年法国数学家费马研究了作曲线的切线和求函数极值的方法. 1637 年左右他写了一篇《求最大值与最小值的方法》的文章. 在作切线时他构造了差分 $f(A+E)-f(A)$，发现它与因子 E 的比就是我们所说的导数 $f'(A)$.

17 世纪生产力的发展推动了自然科学和技术的发展，在前人创造性研究的基础上，大数学家牛顿、莱布尼茨等从不同的角度开始系统地研究微积分. 牛顿的微积分理论被称为“流数术”，他称变量为流量，称变量的变化率为流数，相当于我们所说的导数. 牛顿的有关“流数术”的主要著作是《求曲边形面积》《运用无穷多项方程的计算法》和《流数术和无穷级数》. 流数理论的重点在于一个变量的函数而不在于多变量的方程，而在于自变量的变化与函数的变化的比的构成，更在于这个比当自变量的变化量趋于零时的极限.

1750 年达朗贝尔在为法国科学院出版的《百科全书》第五版的“微分”条目中提出了关于导数的一种观点：可以用现代符号简单表示$\frac{\mathrm{d}y}{\mathrm{d}x}=\lim\frac{\Delta y}{\Delta x}$. 1823 年柯西在他的《无穷小分析概论》中定义导数：如果函数 $y=f(x)$ 在变量 x 的两个给定的界限之间保持连续，并且我们为这样的变量指定一个包含在这两个不同界限之间的值，那么是使变量得到一个无穷小增量. 19 世纪 60 年代以后魏尔斯特拉斯创造了 ε-δ 语言，对微积分中出现的各种类型的极限重新加以表达，导数的定义也就获得了今天常见的形式.

第二章　导数与微分练习题

第 3 章　微分中值定理及导数的应用

对导数的定义是源于确定非匀速运动物体的速度和对曲线切线问题的研究，而确定炮弹的最大射程及寻求行星轨道的近日点与远日点就涉及函数极大值与极小值问题．17 世纪上半叶，许多科学家都致力于寻求解决这些难题的数学工具．在学习了导数的概念与导数的运算法则的基础上，利用导数的知识研究函数的一些动态，如单调性、极值、凹凸性、拐点等，解决一些实际问题，而这些都是以微分中值定理为理论基础，微分中值定理搭起了运用导数知识去研究函数性态的一座桥梁．

- 微分中值定理及导数的应用
  - 微分中值定理
    - 罗尔中值定理
    - 拉格朗日中值定理
    - 柯西中值定理
  - 洛必达法则
    - $\frac{0}{0}$型未定式
    - $\frac{\infty}{\infty}$型未定式
    - 其他形式的未定式
  - 函数的单调性及曲线的凹凸性
    - 函数单调性的判别法
    - 曲线的凹凸性
  - 函数的极值与最值
    - 函数的极值
    - 函数的最值
  - 函数图像的描绘
    - 曲线的渐近线
    - 函数作图

朱世杰与中国古代数学

朱世杰(1249—1314)，他的数学代表作有《算学启蒙》和《四元玉鉴》.《算学启蒙》是一部通俗数学名著，曾流传海外，影响了朝鲜、日本数学的发展.《四元玉鉴》则是中国宋元数学高峰的又一个标志，其中最杰出的数学创造有“四元术”“垛积术”与“招差术”，这些成就标志着中国在微积分和导数研究方面的重大进步.

朱世杰全面继承前人数学成果，既吸收了北方的天元术，又吸收了南方的正负开方术、各种日用算法及通俗歌诀，在此基础上进行了创造性的研究.朱世杰把中国古代数学推向了更高的境界，为中国古代数学的光辉史册增加了新的篇章，形成了宋代中国数学发展的最高峰.

3.1　微分中值定理

3.1.1　罗尔中值定理

定理 1　如果函数 $f(x)$ 满足条件：

(1)在闭区间 $[a, b]$ 上连续；

(2)在开区间 (a, b) 内可导；

(3) $f(a)=f(b)$，则至少存在一点 $\xi\in(a, b)$，使得 $f'(\xi)=0$.

几何意义：一条连续光滑的曲线 $y=f(x)$，若两端点的纵坐标相等，则在这条曲线上至少能找到一点 ξ，使曲线在该点处的切线是水平的.如图 3-1 所示.

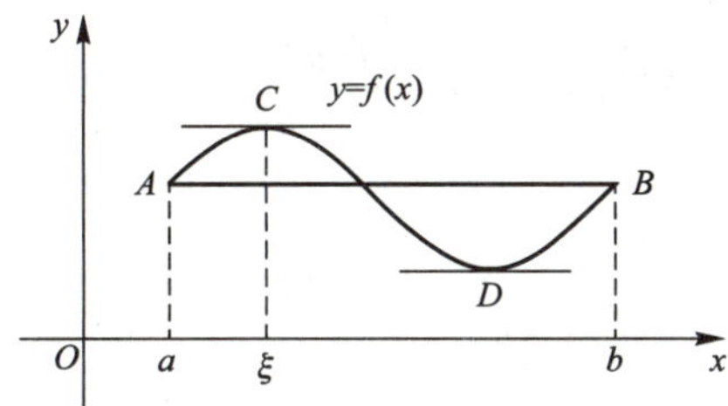

图 3-1　罗尔中值定理

例 3-1 验证罗尔定理对函数 $f(x)=x^2+x-2$ 在 $[-2,1]$ 上的正确性，并求出 ξ 的值.

【解】 函数 $f(x)=x^2+x-2$ 在 $[-2,1]$ 上满足罗尔定理的三个条件，由 $f'(x)=2x+1$，可得 $f'\left(-\dfrac{1}{2}\right)=0$，故存在 $\xi\in[-2,1]$，使得 $f'(\xi)=0$.

3.1.2 拉格朗日中值定理

定理 2 如果函数 $y=f(x)$ 满足以下条件：

(1)在闭区间 $[a,b]$ 上连续；

(2)在开区间 (a,b) 内可导.

则至少存在一点 $\xi\in(a,b)$，使得 $f'(\xi)=\dfrac{f(b)-f(a)}{b-a}$.

注：拉格朗日中值定理结论也可改写成 $f(b)-f(a)=f'(\xi)(b-a)(a<\xi<b)$.

几何意义：若一条连续曲线 $y=f(x)$ 的弧段 $\overset{\frown}{AB}$ 上除端点外处处具有不垂直于 x 轴的切线，则在这条弧上至少能找到一点 ξ，使曲线在该点处的切线平行于弦 AB(图 3-2).

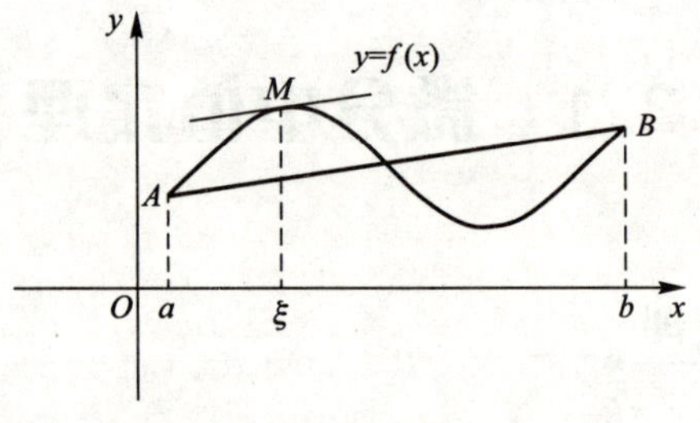

图 3-2 拉格朗日中值定理

证明 采用构造辅助函数的方法，使得函数在 a，b 点处的函数值相等.

直线 AB 的方程为 $y=f(a)+\dfrac{f(b)-f(a)}{b-a}(x-a)$，令 $F(x)=f(x)-\left[f(a)+\dfrac{f(b)-f(a)}{b-a}(x-a)\right]$，不难验证 $F(x)$ 满足罗尔中值定理，可得至少存在一点 $\xi\in(a,b)$，使得

$$F'(\xi)=f'(\xi)-\frac{f(b)-f(a)}{b-a}=0,$$

即

$$f'(\xi)=\frac{f(b)-f(a)}{b-a}.$$

注：罗尔定理是拉格朗日中值定理当 $f(a)=f(b)$ 时的特例.

例 3-2 验证函数 $f(x)=\arctan x$ 在 $[0,1]$ 上满足拉格朗日中值定理，并求出 ξ 的值.

【解】　函数$f(x)=\arctan x$在$[0, 1]$上连续，在$(0, 1)$内求导，

$$f'(x)=\frac{1}{1+x^2},$$

根据拉格朗日中值定理，有$\frac{1}{1+\xi^2}=\frac{\arctan 1-\arctan 0}{1-0}=\frac{\frac{\pi}{4}-0}{1-0}$.

于是有$1+\xi^2=\frac{4}{\pi}$，得$\xi=\pm\sqrt{\frac{4}{\pi}-1}$，当$\xi=\sqrt{\frac{4}{\pi}-1}\in(0, 1)$.

故本例题满足拉格朗日中值定理.

例 3-3　证明：当$x>0$时，有$\frac{x}{1+x}<\ln(1+x)<x$.

证　令$f(t)=\ln(1+t)$，则$f(t)$在$[0, x]$上满足拉格朗日中值定理的条件，则有

$$f(x)-f(0)=f'(\xi)(x-0)(0<\xi<x),$$

即

$$\ln(1+x)=\frac{1}{1+\xi}\cdot x(0<\xi<x),$$

由于$0<\xi<x$，故

$$\frac{x}{1+x}<\frac{x}{1+\xi}<\frac{x}{1+0}=x,$$

即

$$\frac{x}{1+x}<\ln(1+x)<x.$$

推论 1　设函数$f(x)$在$[a, b]$上的导数处处为零，则$f(x)$在$[a, b]$上恒为常数.

证明　设x_1，x_2为$[a, b]$上任意两点(设$x_1<x_2$).

由拉格朗日中值定理可得：$f(x_2)-f(x_1)=(x_2-x_1)f'(\xi)$，$\xi\in(a, b)$.

由$f'(x)\equiv 0$，得$f'(\xi)=0$，于是由上式可得$f(x_2)=f(x_1)$.

由x_1，x_2的任意性可知，$f(x)$在$[a, b]$上恒为一常数.

推论 2　设函数$f(x)$和$g(x)$在$[a, b]$上处处可导，且$f'(x)=g'(x)$，则$f(x)=g(x)+C$.

证明　令$h(x)=f(x)-g(x)$，$x\in[a, b]$，则$h'(x)=f'(x)-g'(x)\equiv 0$，满足推论1的条件，可得$h(x)=C$，即$f(x)=g(x)+C$.

例 3-4　证明三角恒等式：$\arctan x+\operatorname{arccot} x=\frac{\pi}{2}$.

证明　令$f(x)=\arctan x+\operatorname{arccot} x$，可知$f'(x)=\frac{1}{1+x^2}-\frac{1}{1+x^2}=0$，从而

$$f(x)=C,$$

取 $x=0$，得

$$f(0)=\arctan 0+\operatorname{arccot} 0=\frac{\pi}{2},$$

即

$$C=\frac{\pi}{2},$$

故

$$\arctan x+\operatorname{arccot} x=\frac{\pi}{2}.$$

3.1.3 柯西中值定理

定理 3 如果函数 $f(x)$ 和 $g(x)$ 满足以下两个条件：

(1)在闭区间 $[a, b]$ 上连续，

(2)在开区间 (a, b) 内可导，且 $g'(x)\neq 0$.

则至少存在一点 $\xi\in(a, b)$，使得：

$$\frac{f(b)-f(a)}{g(b)-g(a)}=\frac{f'(\xi)}{g'(\xi)}.$$

证明 由 $g'(x)\neq 0$，根据罗尔中值定理，容易推出 $g(a)\neq g(b)$，把要证明的结论：

$$\frac{f(b)-f(a)}{g(b)-g(a)}=\frac{f'(\xi)}{g'(\xi)}\text{改写为证}f'(\xi)=\frac{f(b)-f(a)}{g(b)-g(a)}g'(\xi).$$

根据上式可构造函数：

$$F(x)=f(x)-\frac{f(b)-f(a)}{g(b)-g(a)}g(x),\ x\in[a, b],$$

不难验证 $F(x)$ 满足罗尔中值定理，可得至少存在一点 $\xi\in(a, b)$，
使得

$$F'(\xi)=f'(\xi)-\frac{f(b)-f(a)}{g(b)-g(a)}g'(\xi)=0,$$

即

$$f'(\xi)=\frac{f(b)-f(a)}{g(b)-g(a)}g'(\xi),$$

从而

$$\frac{f(b)-f(a)}{g(b)-g(a)}=\frac{f'(\xi)}{g'(\xi)}.$$

注：当 $g(x)=x$ 时，定理 3 就可转化成拉格拉格朗日中值定理 .

习题 3.1

1. 验证拉格朗日中值定理对函数 $y=x^3$ 在区间[0，1]上的正确性．

2. 验证恒等式 $\arctan x+\arctan\dfrac{1}{x}=\dfrac{\pi}{2}$，$x\neq0$．

3. 验证罗尔定理对函数 $y=\ln\sin x$ 在区间 $\left[\dfrac{\pi}{4},\ \dfrac{3\pi}{4}\right]$ 上的正确性．

4. 设 $f(x)$ 在[0，1]上连续，在(0，1)内可导，证明：至少存在一点 $\xi\in(0,1)$ 使得 $f'(\xi)=2\xi[f(1)-f(0)]$．

3.2　洛必达法则

在求商的极限 $\lim\limits_{x\to x_0}\dfrac{f(x)}{g(x)}$（或 $x\to\infty$）时，若 $f(x)$ 与 $g(x)$ 两个函数都趋于零或都趋于无穷大，那么极限可能存在也可能不存在．通常称这类极限为未定式，分别称为 $\dfrac{0}{0}$ 型未定式和 $\dfrac{\infty}{\infty}$ 型未定式．下面主要介绍求这两类未定式的方法．

3.2.1　$\dfrac{0}{0}$ 型未定式

定理 4　设函数 $f(x)$ 和 $g(x)$ 满足以下条件：

(1) $\lim\limits_{x\to x_0}f(x)=\lim\limits_{x\to x_0}g(x)=0$；

(2) $f(x)$ 和 $g(x)$ 在点 x_0 的某一去心领域内可导，且 $g'(x)\neq0$；

(3) $\lim\limits_{x\to x_0}\dfrac{f'(x)}{g'(x)}$ 存在（或为无穷大）．

则 $\lim\limits_{x\to x_0}\dfrac{f(x)}{g(x)}=\lim\limits_{x\to x_0}\dfrac{f'(x)}{g'(x)}$．

证明　补充定义 $f(x_0)=0$ 和 $g(x_0)=0$，则函数 $f(x)$ 和 $g(x)$ 在 x_0 处连续，

设 x 是 x_0 领域内的任意一点，则 $f(x)$ 和 $g(x)$ 在以 x_0 及 x 为端点的闭区间满足柯西中值定理，故存在介于 x_0 及 x 之间的一点 ξ，使得

$$\frac{f'(\xi)}{g'(\xi)}=\frac{f(x)-f(x_0)}{g(x)-g(x_0)}=\frac{f(x)-0}{g(x)-0}=\frac{f(x)}{g(x)},$$

对上述等式取 $x\to x_0$ 时的极限，可得

$$\lim_{x \to x_0} \frac{f(x)}{g(x)} = \lim_{x \to x_0} \frac{f'(\xi)}{g'(\xi)} = \lim_{x \to x_0} \frac{f'(x)}{g'(x)}.$$

上述定理说明，在一定的条件下求两个函数之比的极限，可通过分子分母分别求导之后求极限，这种方法称为洛必达法则．

注：(1)将定理 4 中的 $x \to x_0$ 改为 $x \to \infty$ 时的$\frac{0}{0}$型未定式，亦可使用洛必达法则．

(2)当利用洛必达法则求$\lim\limits_{x \to x_0} \frac{f(x)}{g(x)}$时，若$\lim\limits_{x \to x_0} \frac{f'(x)}{g'(x)}$还是$\frac{0}{0}$型未定式，且$f'(x)$和$g'(x)$仍满足定理 4 的条件，则可以继续使用洛必达法则，得到：

$$\lim_{x \to x_0} \frac{f(x)}{g(x)} = \lim_{x \to x_0} \frac{f'(x)}{g'(x)} = \lim_{x \to x_0} \frac{f''(x)}{g''(x)}.$$

依此类推，直至最后算出极限或者发现商的分子分母不满足定理 4 的条件为止．

例 3-5 求$\lim\limits_{x \to 0} \frac{1-\cos x}{x^2}$.

【解】 例题所求极限是$\frac{0}{0}$型的极限，由洛必达法则，得：

$$\lim_{x \to 0} \frac{1-\cos x}{x^2} = \lim_{x \to 0} \frac{\sin x}{2x} = \lim_{x \to 0} \frac{\cos x}{2} = \frac{1}{2}.$$

例 3-6 求$\lim\limits_{x \to 1} \frac{\ln x}{(x-1)^2}$.

【解】 由洛必达法则，得：

$$\lim_{x \to 1} \frac{\ln x}{(x-1)^2} = \lim_{x \to 1} \frac{\frac{1}{x}}{2(x-1)} = \lim_{x \to 1} \frac{1}{2x(x-1)} = \infty.$$

例 3-7 求$\lim\limits_{x \to 0} \frac{e^x - e^{-x} - 2x}{\tan^3 x}$.

【解】 由洛必达法则，得：

$$\lim_{x \to 0} \frac{e^x - e^{-x} - 2x}{\tan^3 x} = \lim_{x \to 0} \frac{e^x - e^{-x} - 2x}{x^3} = \lim_{x \to 0} \frac{e^x + e^{-x} - 2}{3x^2} = \lim_{x \to 0} \frac{e^x - e^{-x}}{6x} = \lim_{x \to 0} \frac{e^x + e^{-x}}{6} = \frac{1}{3}.$$

例 3-8 求$\lim\limits_{x \to +\infty} \frac{\frac{\pi}{2} - \arctan x}{\ln(1+\frac{1}{x})}$.

【解】 由洛必达法则，得：

$$\lim_{x\to+\infty}\frac{\frac{\pi}{2}-\arctan x}{\ln\left(1+\frac{1}{x}\right)}=\lim_{x\to+\infty}\frac{-\frac{1}{1+x^2}}{-\frac{1}{x+x^2}}=\lim_{x\to+\infty}\frac{x+x^2}{1+x^2}=1.$$

3.2.2　$\frac{\infty}{\infty}$型未定式

定理 5　设函数 $f(x)$ 和 $g(x)$ 满足以下条件：

(1) $\lim\limits_{x\to x_0}f(x)=\lim\limits_{x\to x_0}g(x)=\infty$，

(2) $f(x)$ 和 $g(x)$ 在点 x_0 的某一去心领域内可导，且 $g'(x)\neq0$，

(3) $\lim\limits_{x\to x_0}\frac{f'(x)}{g'(x)}$ 存在（或为无穷大）.

则
$$\lim_{x\to x_0}\frac{f(x)}{g(x)}=\lim_{x\to x_0}\frac{f'(x)}{g'(x)}.$$

例 3-9　求 $\lim\limits_{x\to1^-}\frac{\ln\tan\frac{\pi}{2}x}{\ln(1-x)}$.

【解】　$$\lim_{x\to1^-}\frac{\ln\tan\frac{\pi}{2}x}{\ln(1-x)}=\lim_{x\to1^-}\frac{\frac{\pi}{\sin\pi x}}{-\frac{1}{1-x}}=\pi\lim_{x\to1^-}\frac{x-1}{\sin\pi x}=\pi\lim_{x\to1^-}\frac{1}{\pi\cos\pi x}=-1.$$

例 3-10　求 $\lim\limits_{x\to+\infty}\frac{x^n}{e^x}$.

【解】　$$\lim_{x\to+\infty}\frac{x^n}{e^x}=\lim_{x\to+\infty}\frac{nx^{n-1}}{e^x}=\lim_{x\to+\infty}\frac{n(n-1)x^{n-2}}{e^x}=\cdots=\lim_{x\to+\infty}\frac{n!}{e^x}=0.$$

例 3-11　求 $\lim\limits_{x\to+\infty}\frac{\ln x}{x^n}$.

【解】　$$\lim_{x\to+\infty}\frac{\ln x}{x^n}=\lim_{x\to+\infty}\frac{\frac{1}{x}}{nx^{n-1}}=\lim_{x\to+\infty}\frac{1}{nx^n}=0.$$

3.2.3　其他形式的未定式

除了$\frac{0}{0}$型与$\frac{\infty}{\infty}$型未定式外，还有 $0\cdot\infty$，$\infty-\infty$，0^0，1^∞，∞^0 等类型的未定式，通过适当的变换，这些未定式都可以化成$\frac{0}{0}$型或$\frac{\infty}{\infty}$型未定式计算.

3.2.3.1 $0\cdot\infty$ 型未定式

对于 $0\cdot\infty$ 型未定式，可通过以下转换：

$$f(x)g(x)=\frac{f(x)}{\frac{1}{g(x)}}=\frac{g(x)}{\frac{1}{f(x)}},$$

化为$\frac{0}{0}$型或$\frac{\infty}{\infty}$型.

例 3-12 求$\lim\limits_{x\to0^+}x\ln x$.

【解】 $\lim\limits_{x\to0^+}x\ln x=\lim\limits_{x\to0^+}\frac{\ln x}{\frac{1}{x}}=\lim\limits_{x\to0^+}\frac{\frac{1}{x}}{-\frac{1}{x^2}}=\lim\limits_{x\to0^+}(-x)=0.$

3.2.3.2 $\infty-\infty$ 型未定式

对于$\infty-\infty$型未定式，可通过以下转换：

$$f(x)-g(x)=\frac{1}{\frac{1}{f(x)}}-\frac{1}{\frac{1}{g(x)}}=\frac{\frac{1}{g(x)}-\frac{1}{f(x)}}{\frac{1}{f(x)\cdot g(x)}},$$

化为$\frac{0}{0}$型，或取以 e 为底的指数 $e^{f(x)-g(x)}=\frac{e^{f(x)}}{e^{g(x)}}$化为$\frac{0}{0}$型或$\frac{\infty}{\infty}$型.

例 3-13 求$\lim\limits_{x\to1}\left(\frac{1}{\ln x}-\frac{1}{x-1}\right)$.

【解】 $\lim\limits_{x\to1}\left(\frac{1}{\ln x}-\frac{1}{x-1}\right)=\lim\limits_{x\to1}\frac{x-1-\ln x}{(x-1)\ln x}=\lim\limits_{x\to1}\frac{1-\frac{1}{x}}{\ln x+\frac{(x-1)}{x}}=\lim\limits_{x\to1}\frac{\frac{1}{x^2}}{\frac{1}{x}+\frac{1}{x^2}}=\lim\limits_{x\to1}\frac{1}{x+1}=\frac{1}{2}.$

3.2.3.3 0^0，1^∞，∞^0 型未定式

对于 $y=f(x)^{g(x)}$ 为 0^0，1^∞，∞^0 型未定式，通过：

$$y=e^{\ln y}=e^{\ln f(x)^{g(x)}}=e^{g(x)\ln f(x)},$$

转换，$g(x)\ln f(x)$可参考 $0\cdot\infty$ 型未定式解题思路.

例 3-14 求$\lim\limits_{x\to1}(2-x)^{\tan\frac{\pi}{2}x}$.

【解】 $\lim\limits_{x\to1}(2-x)^{\tan\frac{\pi}{2}x}=\lim\limits_{x\to1}e^{\ln(2-x)^{\tan\frac{\pi}{2}x}}=\lim\limits_{x\to1}e^{\tan\frac{\pi}{2}x\ln(2-x)}$

$$=e^{\lim\limits_{x\to 1}\tan\frac{\pi}{2}x\ln(2-x)}=e^{\lim\limits_{x\to 1}\frac{\ln(2-x)}{\cot\frac{\pi}{2}x}}=e^{\lim\limits_{x\to 1}\frac{-\frac{1}{(2-x)}}{-\frac{\pi}{2}\csc^2\frac{\pi}{2}x}}=e^{\frac{2}{\pi}}.$$

注：运用洛必达法则时，若$\lim\limits_{x\to x_0}\dfrac{f'(x)}{g'(x)}$极限不存在，则洛必达法则不适用.

例 3-15 求 $\lim\limits_{x\to+\infty}\dfrac{x+\sin x}{x}$.

【解】 若使用洛必达法则，

$$\lim_{x\to+\infty}\frac{x+\sin x}{x}=\lim_{x\to+\infty}(1+\cos x),$$

则由于$\lim\limits_{x\to+\infty}(1+\cos x)$极限不存在，此题用洛必达法则无法求解.

因 $\lim\limits_{x\to+\infty}\dfrac{\sin x}{x}=0$，可得 $\lim\limits_{x\to+\infty}\dfrac{x+\sin x}{x}=\lim\limits_{x\to+\infty}\left(1+\dfrac{\sin x}{x}\right)=1$.

习题 3.2

1. 用洛必达法则求下列函数的极限.

(1) $\lim\limits_{x\to 1}\dfrac{x-1}{x^m-1}(m>1)$；

(2) $\lim\limits_{x\to 0}\dfrac{e^x-e^{-x}}{\sin x}$；

(3) $\lim\limits_{x\to a}\dfrac{\sin x-\sin a}{x-a}$；

(4) $\lim\limits_{x\to 1}\left(\dfrac{2}{x^2-1}-\dfrac{1}{x-1}\right)$；

(5) $\lim\limits_{x\to\frac{\pi}{2}}\dfrac{\ln(\sin x)}{(\pi-2x)^2}$；

(6) $\lim\limits_{x\to+\infty}\dfrac{(\ln x)^3}{x}$；

(7) $\lim\limits_{x\to 0}(1+\sin x)^{\frac{1}{x}}$；

(8) $\lim\limits_{x\to+\infty}\left(\dfrac{x}{x+1}\right)^x$；

(9) $\lim\limits_{x\to 0^+}\dfrac{\ln\sin mx}{\ln\sin nx}$；

(10) $\lim\limits_{x\to+\infty}\left(1+\dfrac{3}{x}+\dfrac{5}{x^2}\right)^x$.

2. 设$f'(x)$连续，试用洛必达法则证明：$\lim\limits_{h\to 0}\dfrac{f(x+h)-f(x-h)}{2h}=f'(x)$.

3.3 函数的单调性及曲线的凹凸性

3.3.1 函数单调性的判别法

从几何直观上分析导数与函数增减性的关系，由导数的几何意义，从图 3-3(a) 中可以看出，当导数大于零时，函数递增，曲线上升；从图 3-3(b) 中可以看出当导数小于零时，函数递减，曲线下降，因此可以根据导数的正负号来判定函数的增减性．

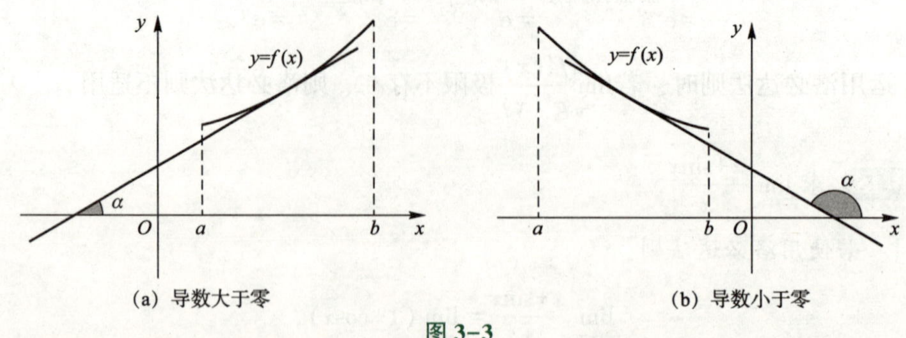

图 3-3

定理 6 设函数 $y=f(x)$ 在 $[a, b]$ 上连续，在 (a, b) 内可导，则有：

(1) 若在 (a, b) 内 $f'(x)>0$，则函数 $f(x)$ 在 $[a, b]$ 上单调增加；

(2) 若在 (a, b) 内 $f'(x)<0$，则函数 $f(x)$ 在 $[a, b]$ 上单调减少．

证明： $\forall x\in[a, b]$，且设 $x_1<x_2$，由拉格朗日中值定理公式可得：

$$f(x_2)-f(x_1)=f'(\xi)(x_2-x_1),$$

其中 ξ 是介于 x_1，x_2 之间的一点，因为 $f'(x)>0$，故 $f'(\xi)>0$，且 $x_1<x_2$，所以

$$f(x_2)>f(x_1),$$

故函数 $f(x)$ 在 $[a, b]$ 上单调增加．

类似地，可以证明定理中函数 $f(x)$ 在 $[a, b]$ 上单调减少的情形．

例 3-16 判断函数 $f(x)=x^3-2x^2+3x-4$ 的单调性．

【解】 函数的定义域为 $(-\infty, +\infty)$，$f'(x)=3x^2-4x+3=3\left(x^2-\frac{4}{3}x+1\right)=3\left(x-\frac{2}{3}\right)^2+\frac{5}{3}>0$，所以函数 $f(x)=x^3-2x^2+3x-4$ 在定义域 $(-\infty, +\infty)$ 内是单调增加的．

有时函数在整个定义域内并不具有单调性，但在各个部分区间上具有单调性，这时要先求出使得其导数符号改变的分界点，当函数连续时，分界点就是函数导数为零的点或导数不存在的点，并且称使函数一阶导数 $f'(x)=0$ 的点为函数的驻点（或者稳定点），所以判断函数的单调性的步骤可以归纳为：

(1) 确定函数的定义域；

(2) 求出函数的驻点和导数不存在的点；

(3) 用上述点将函数的定义域划分成若干个小区间；

(4) 在每个小区间上判别导数 $f'(x)$ 的符号，从而判断出函数 $f(x)$ 在此区间的单调性．

例 3-17 讨论 $f(x)=\sqrt[3]{x^2}$ 的单调性．

【解】 当 $x=0$ 时，$f(x)$ 的导数不存在；

当 $x\neq0$ 时，$f'(x)=\dfrac{2}{3\sqrt[3]{x}}$.

由$f'(x)$的表达式可知，在区间$(-\infty，0)$内，$f'(x)<0$，因此，函数$f(x)$在区间$(-\infty，0)$内单调减少；在区间$(0，+\infty)$内，$f'(x)>0$，因此，函数$f(x)$在区间$(0，+\infty)$内单调增加.

定理6除了能判别函数在区间的单调性外，还经常用来证明不等式.

例 3-18 证明不等式：当 $x>0$ 时，$\dfrac{x}{1+x}<\ln(1+x)<x$.

证 ①令 $f(x)=\ln(1+x)-\dfrac{x}{1+x}$，$f(0)=0$，$f'(x)=\dfrac{1}{1+x}-\dfrac{1}{(1+x)^2}>0(x>0)$；

由$\begin{cases}f(0)=0,\\ f'(x)>0(x>0),\end{cases}$ 得 $f(x)>0(x>0)$，即当 $x>0$ 时，$\dfrac{x}{1+x}<\ln(1+x)$.

②令 $g(x)=x-\ln(1+x)$，$g(0)=0$，$g'(x)=1-\dfrac{1}{1+x}>0(x>0)$；

由$\begin{cases}g(0)>0,\\ g'(x)>0(x>0),\end{cases}$ 得 $g(x)>0(x>0)$，即当 $x>0$ 时，$\ln(1+x)<x$.

则当 $x>0$ 时，$\dfrac{x}{1+x}<\ln(1+x)<x$.

3.3.2　曲线的凹凸性

由导数$f'(x)$的符号，可知函数$f(x)$的单调性，但是单调增加(或减少)还有不同情况．如图3-4所示，函数 $y=x^2$ 与 $y=\sqrt{x}$ 在$(0，+\infty)$都是单调增加的，但增加的方式却不同，曲线 $y=x^2$ 是上凹的，而曲线 $y=\sqrt{x}$ 是上凸的．因此判断出函数曲线的凹凸性，可以正确描绘出函数的图形.

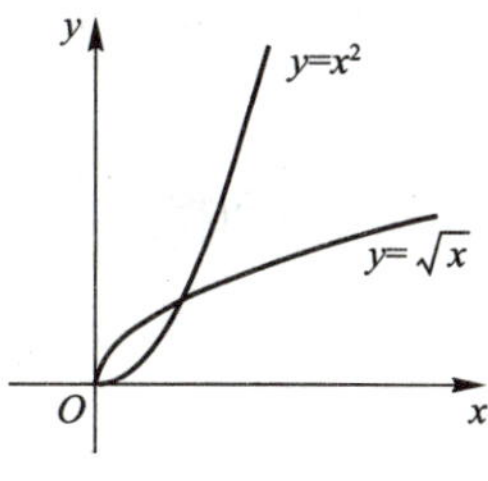

图 3-4　$y=x^2$ 和 $y=\sqrt{x}$

定义 1 若一段曲线上每点处的切线都在此段曲线的上(或下)方，则称此段曲线是凸(或凹)弧，称函数$f(x)$在区间$[a，b]$上是凸(或凹)函数，它表示的曲线在该区间上的曲线弧是凸(或凹)弧.

由图3-5(a)可知，对于凹的曲线弧来讲，当自变量x逐渐增大时，凹弧上各点处的切线斜率逐渐增大，即$f'(x)$是单调递增的函数；由图3-5(b)可知，对于凸的曲线弧来讲，当自变量x逐渐增大时，凸弧上各点处的切线斜率逐渐减小，即$f'(x)$是单调递减的函数．由此可得，曲线的凹凸性可由导数$f'(x)$的增减性来判定，即由$f''(x)$的正负号来判定．

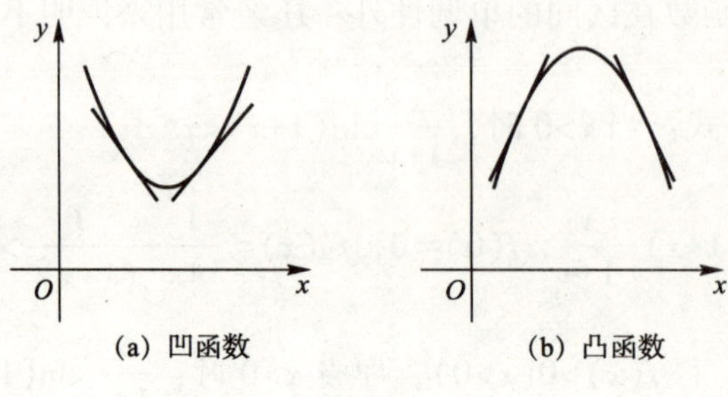

(a) 凹函数　(b) 凸函数

图3-5

定理7 设函数$y=f(x)$在区间$[a, b]$连续，且在(a, b)内具有二阶导数，那么：

(1)若对于任意的$x\in(a, b)$，均有$f''(x)>0$，则$y=f(x)$在$[a, b]$上是凹的；

(2)若对于任意的$x\in(a, b)$，均有$f''(x)<0$，则$y=f(x)$在$[a, b]$上是凸的．

例3-19 判断曲线$y=\dfrac{1}{x}$的凹凸性．

【解】 $y'=-\dfrac{1}{x^2}$，$y''=\dfrac{2}{x^3}$，当$x>0$时，$y''>0$；

当$x<0$时，$y''<0$.

故$y=\dfrac{1}{x}$在$(0, +\infty)$内是凹的，在$(-\infty, 0)$内是凸的．

定义2 若曲线$y=f(x)$在点$(x_0, f(x_0))$的左右两侧凹凸性相反，则称点$(x_0, f(x_0))$为该曲线的拐点．

注：所谓拐点，即凹凸区间的分界点．

例3-20 判断曲线$y=x^4-2x^3$的凹凸性和拐点．

【解】 $y'=4x^3-6x^2$，$y''=12x^2-12x$，令$y''=0$，解得$x_1=0$，$x_2=1$，

列表讨论见表3-1.

表3-1　曲线$y=x^4-2x^3$的凸凹性和拐点

x	$(-\infty, 0)$	0	$(0, 1)$	1	$(1, +\infty)$
y''	+	0	−	0	+
y	凹	拐点	凸	拐点	凹

综上所述：曲线在区间$(-\infty,0)$和$(1,+\infty)$上是凹的，在区间$(0,1)$上是凸的；曲线的拐点是$(0,0)$和$(1,-1)$.

习题 3.3

1. 求下列函数的单调区间.

(1)$f(x)=2x^3-6x^2-18x-7$；　　(2)$f(x)=\dfrac{x}{1+x^2}$；

(3)$f(x)=1+(x-1)^{\frac{1}{3}}$；　　(4)$f(x)=\ln(1+x)-x$.

2. 求下列曲线的凹凸区间及拐点.

(1)$f(x)=(2x-1)^4+1$；　　(2)$f(x)=x+\dfrac{1}{x}$；

(3)$f(x)=xe^{-x}$；　　(4)$f(x)=\ln(1+x^2)$.

3.4　函数的极值与最值

3.4.1　函数的极值

函数在整个定义区间上不一定是递增或递减的，但有可能把定义区间分为若干个小的子区间，使得函数在各个子区间上是递增或递减，找到这些递增或递减区间对于掌握函数的性质很有帮助.

如图3-6所示，函数$f(x)$在x_1、x_3处的特点为：x_1附近的函数值都比x_1点处的函数值大，x_3也类似，称x_1、x_3处为极小值点，$f(x_1)$、$f(x_3)$为极小值；x_2附近的函数值都比x_2点处的函数值小，称x_2处为极大值点，$f(x_2)$为极大值.分析图中函数的极值点两侧附近的增减性变化，可以得出如下结论：除端点外，凡是函数的极大值点，函数在其左侧附近是递增的，在其右侧是递减的；凡是函数的极小值点，函数在其左侧附近是递减的，在其右侧是递增的.

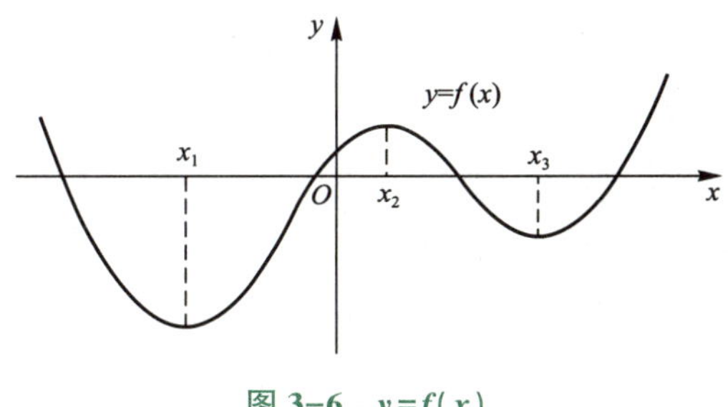

图3-6　$y=f(x)$

定义 3 设$f(x)$在x_0的某邻域内有定义，若对于邻域内不同于x_0的所有x，均有$f(x)<f(x_0)$，则称$f(x_0)$为函数$f(x)$的一个极大值，x_0为极大值点．若对于邻域内不同于x_0的所有x，均有$f(x)>f(x_0)$，则称$f(x_0)$为函数$f(x)$的一个极小值，x_0为极小值点．

定理 8 （费马定理） 若函数$f(x)$在点x_0处可导，且在x_0处取得极值，则函数在x_0处的导数为零，即$f'(x_0)=0$(即在可导的情况下，极值点必为驻点)．

定理 9 设函数$f(x)$在点x_0及其邻域上可导，且$f'(x_0)=0$.

(1)当x自左向右通过点x_0时，$f'(x)$的符号由正转负，则$f(x_0)$是$f(x)$的极大值，x_0为极大值点；

(2)当x自左向右通过点x_0时，$f'(x)$的符号由负转正，则$f(x_0)$是$f(x)$的极小值，x_0为极小值点；

(3)当x自左向右通过点x_0时，$f'(x)$的符号不发生变化，则$f(x_0)$不是的$f(x)$极值，x_0不是极值点．

根据以上定理，求可导函数的极值点和极值的步骤如下：

(1)确定函数的定义域；

(2)求函数的导数$f'(x)$，并求出函数$f(x)$的全部驻点以及不可导点；

(3)列表考察每个驻点(及不可导点)左右邻近$f'(x)$的符号情况，根据定理 9 判定极值点和极值．

例 3-21 设函数$f(x)=2x^3+3x^2-12x$，求函数$f(x)$的极值．

【解】 函数的定义域为$(-\infty,+\infty)$，$f'(x)=6x^2+6x-12=6(x+2)(x-1)$.

令$f'(x)=0$，则得$x_1=-2$，$x_2=1$，列表讨论见表 3-2.

表 3-2 $f(x)=2x^3+3x^2-12x$ 的极值

x	$(-\infty,-2)$	-2	$(-2,1)$	1	$(1,+\infty)$
$f'(x)$	+	0	−	0	+
$f(x)$		极大值		极小值	

由表 3-2 可知，函数的极大值为$f(-2)=20$，极小值为$f(1)=-7$.

注：满足函数$f(x)$导数方程$f'(x)=0$的点称为函数$f(x)$的驻点，需要注意，驻点并不都是极值点，例如函数$f(x)=3x^3$，$x=0$是其驻点，但不是极值点，因为函数$f(x)=3x^3$在定义域$(-\infty,+\infty)$上是增函数．

定理 10 设函数$f(x)$在点x_0的邻域内具有二阶导数，且$f'(x_0)=0$，$f''(x_0)\neq0$，则：

(1)若$f''(x_0)>0$，则$f(x_0)$是函数的极小值；

(2)若$f''(x_0)<0$，则$f(x_0)$是函数的极大值．

例 3-22 设函数 $f(x)=a\sin x+\frac{1}{3}\sin 3x$，问当 a 为何值时，函数在 $x=\frac{\pi}{3}$ 处取得极值？此极值为极大值还是极小值？求此极值.

【解】 $f'(x)=a\cos x+\cos 3x$，假设 $f'\left(\frac{\pi}{3}\right)=0$，则 $\frac{a}{2}-1=0$，$a=2$.

当 $a=2$ 时，$f''(x)=-2\sin x-3\sin 3x$，$f''\left(\frac{\pi}{3}\right)=-\sqrt{3}<0$，所以函数 $f(x)=2\sin x+\frac{1}{3}\sin 3x$ 在 $x=\frac{\pi}{3}$ 处取得极大值，且极大值为 $f\left(\frac{\pi}{3}\right)=\sqrt{3}$.

3.4.2 函数的最值

在生活与科学研究中，经常会用到“最大”“最小”“最优”等问题，这些问题可以归结到数学函数的最大值与最小值问题中．根据闭区间连续函数的性质，若函数 $f(x)$ 在区间 $[a, b]$ 上连续，则 $f(x)$ 在区间 $[a, b]$ 内必有最大值与最小值．

求函数 $f(x)$ 在闭区间 $[a, b]$ 上的最值步骤如下：

(1) 求出函数 $f(x)$ 在区间 (a, b) 内的一切驻点及不可导点；

(2) 求各驻点、不可导点及端点处的函数值；

(3) 比较上述各函数值的大小，其中最大的为最大值，最小的为最小值．

例 3-23 求函数 $f(x)=x^4-8x^2$ 在区间 $[-1, 3]$ 的最大值与最小值．

【解】 $f'(x)=4x^3-16x=4x(x-2)(x+2)$，由 $f'(x)=0$，得驻点 $x_1=-2$（舍去），$x_2=0$，$x_3=2$.

其函数值为 $f(0)=0$，$f(2)=-16$，区间端点处的函数值为 $f(-1)=-7$，$f(3)=9$.

故函数 $f(x)$ 在 $[-1, 3]$ 上的最大值为 $f(3)=9$，最小值为 $f(2)=-16$.

根据实际问题的特点，如果能判断出函数应该有最大值或最小值，而且所建立的函数 $f(x)$ 在其定义区间 (a, b) 内又只有一个可能的极值点或驻点或导数不存在的点，那么，这点的函数值就是函数的最大值或最小值．

例 3-24 用一块边长为 24 cm 的正方形铁皮，在其四角各截去一块面积相等的小正方形，做成无盖的铁盒，问截去的小正方形边长为多少时，做出的铁盒容积最大？

【解】 设截去的小正方形的边长为 x cm，铁盒的容积为 V cm^3，根据题意得，

$$V=x(24-2x)^2 \quad (0<x<12),$$

即问题转化为：求 x 为何值时，函数 V 在区间 $(0, 12)$ 内取得最大值．

$$V'=(24-2x)^2+x\cdot 2(24-2x)(-2)=(24-2x)(24-6x),$$

令 $V'=0$，解得 $x_1=12$，$x_2=4$.

故在区间 $(0, 12)$ 内函数只有一个驻点 $x=4$，由问题的实际意义可知，函数 V 的最大

值在(0, 12)内取得．所以当 $x=4$ 时，函数 V 取得最大值，即当所截去的正方形边长为 4 cm 时，铁盒的容积最大．

习题 3.4

1. 求下列函数的极值．

(1) $f(x)=x^3-3x^2+7$；　　(2) $f(x)=x+\dfrac{1}{x}$；

(3) $f(x)=x-\ln(1+x)$；　　(4) $f(x)=\sin x-\cos x$，$x\in\left[-\dfrac{\pi}{2},\dfrac{\pi}{2}\right]$．

2. 求下列函数在所给区间上的最大值与最小值．

(1) $f(x)=x+\sqrt{1-x}$，$x\in[-5,1]$；

(2) $f(x)=(x-1)\sqrt[3]{x^2}$，$x\in\left[-1,\dfrac{1}{2}\right]$；

(3) $f(x)=\sin 2x-x$，$x\in\left[-\dfrac{\pi}{2},\dfrac{\pi}{2}\right]$．

3.5　函数图像的描绘

3.5.1　曲线的渐近线

为了更全面了解函数的性质，还需要研究 $|x|$ 或 $|y|$ 或两者同时无限增大时函数的变化情形，这正是曲线上的点无限远离原点时曲线的变化情形．

3.5.1.1　水平渐近线

定义 4　若 $\lim\limits_{x\to+\infty}f(x)=b$ 或 $\lim\limits_{x\to-\infty}f(x)=b$，则称 $y=b$ 是曲线 $y=f(x)$ 的水平渐近线．

例如：$y=\dfrac{1}{x}$，因为 $\lim\limits_{x\to\infty}\dfrac{1}{x}=0$　所以 $y=0$ 为水平渐近线．

3.5.1.2　垂直渐近线

定义 5　若 $\lim\limits_{x\to x_0^+}f(x)=\infty$ 或 $\lim\limits_{x\to x_0^-}f(x)=\infty$，则称 $x=x_0$ 是曲线 $y=f(x)$ 的垂直渐近线．

例如：$y=\ln x$，因为 $\lim\limits_{x\to0^+}\ln x=-\infty$，所以 $x=0$ 为垂直渐近线．

例 3-25　求曲线 $y=\dfrac{1}{(x-3)^2}+2$ 的水平渐近线和垂直渐近线．

【解】 $\lim\limits_{x\to\infty}f(x)=\lim\limits_{x\to\infty}\left[\dfrac{1}{(x-3)^2}+2\right]=2$，故 $y=2$ 为 $f(x)$ 的水平渐近线；

$\lim\limits_{x\to3}f(x)=\lim\limits_{x\to3}\left[\dfrac{1}{(x-3)^2}+2\right]=+\infty$，故 $x=3$ 为 $f(x)$ 的垂直渐近线．

3.5.2 函数作图

函数作图的一般步骤如下：

(1)确定函数的定义域；

(2)确定函数有无奇偶性及周期性；

(3)确定曲线与坐标轴的交点；

(4)确定函数的单调区间和极值点，并算出极值；

(5)确定曲线的凹凸区间及拐点；

(6)确定曲线的渐近线．

例 3-26 描绘函数 $f(x)=\dfrac{4(x+1)}{x^2}-2$ 的图形．

【解】 定义域为 $(-\infty,0)\cup(0,+\infty)$，求导得 $f'(x)=\dfrac{4\cdot x^2-4(x+1)\cdot 2x}{x^4}=-\dfrac{4(x+2)}{x^3}$，令 $f'(x)=0$，得驻点 $x=-2$. 对 $f'(x)$ 求导，$f''(x)=\dfrac{-4\cdot x^3+4(x+2)\cdot 3x^2}{x^6}=\dfrac{8(x+3)}{x^4}$，令 $f''(x)=0$，解得 $x=-3$. 因为 $f''(x)\Big|_{x=-2}=\dfrac{1}{2}>0$，所示极小值为 $f(-2)=-3$. $\lim\limits_{x\to\infty}f(x)=\lim\limits_{x\to\infty}\left[\dfrac{4(x+1)}{x^2}-2\right]=-2$，故 $y=-2$ 为 $f(x)$ 为水平渐近线． $\lim\limits_{x\to0}f(x)=\lim\limits_{x\to0}\left[\dfrac{4(x+1)}{x^2}-2\right]=+\infty$，故 $x=0$ 为 $f(x)$ 为垂直渐近线．

考察函数及其导数在几个特性点所分成的区间变化情况，列表见表 3-3.

表 3-3 $f(x)=\dfrac{4(x+1)}{x^2}-2$ 的特性点及变化情况

x	$(-\infty,-3)$	-3	$(-3,-2)$	-2	$(-2,0)$	0	$(0,+\infty)$
y'	−		−	0	+		−
y''	−	0	+		+		+
y	凸，↓	拐点	凹，↓	极小值	凹，↑	间断点	凹，↓

由上表可知 $f(x)$ 的单调增区间为 $(-2,0)$，单调减区间为 $(-\infty,-2)$ 和 $(0,+\infty)$，极

小值为 $f(-2)=-3$；凹区间为 $(-3,0)$ 和 $(0,+\infty)$，凸区间为 $(-\infty,-3)$，拐点为 $\left(-3,-\frac{26}{9}\right)$；绘图如图 3-7 所示．

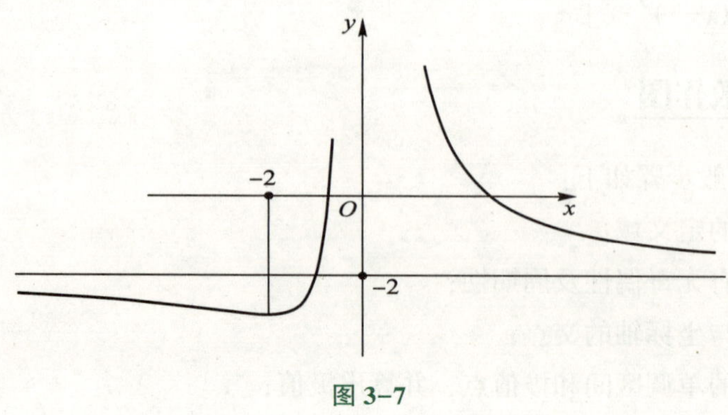

图 3-7

习题 3.5

作出下列函数的图形．

(1) $f(x)=\frac{x}{1+x^2}$；　　(2) $f(x)=(x+1)x^{\frac{2}{3}}$；

(3) $f(x)=x-e^{-x}$；　　(4) $f(x)=x\ln x$.

复习题 3

1. 验证罗尔中值定理对下列函数的正确性．并求出相应的点 ξ.

(1) $f(x)=\ln\sin x$，$x\in\left[\frac{\pi}{3},\frac{2\pi}{3}\right]$；　　(2) $f(x)=\frac{1}{1+x^2}$，$x\in[-2,2]$；

(3) $f(x)=e^{x^2}-1$，$x\in[-1,1]$；　　(4) $f(x)=x\sqrt{3-x}$，$x\in[0,3]$.

2. 不求函数 $f(x)=(x-7)(x-8)(x-9)(x-10)(x-11)(x-12)$ 的导数．说明方程 $f'(x)=0$ 有几个实根．并指出它们所在的区间．

3. 证明不等式．

(1) $|\arctan a-\arctan b|\leqslant|a-b|$；

(2) 当 $x>1$ 时，$e^x>ex$.

4. 求下列函数的极限．

(1) $\lim\limits_{x\to a}\frac{x^m-a^m}{x^n-a^n}$；　　(2) $\lim\limits_{x\to 0}x^2e^{\frac{1}{x^2}}$；

(3) $\lim\limits_{x\to\frac{\pi}{2}^+}\dfrac{\ln\left(x-\dfrac{\pi}{2}\right)}{\tan x}$；　　(4) $\lim\limits_{x\to 0}\left(\dfrac{1}{x}-\dfrac{1}{e^x-1}\right)$；

(5) $\lim\limits_{x\to\frac{\pi}{2}^+}(\sec x-\tan x)$；　　(6) $\lim\limits_{x\to 0^+}\dfrac{\ln\tan 7x}{\ln\tan 2x}$.

5. 试问 p 为何值时．函数 $f(x)=x^3+3px+q$ 在 $x=\pm1$ 处取得极值？它是极大值还是极小值？并求此极值．

6. 求下列函数的单调区间和极值．

(1) $f(x)=2x^3-6x^2-18x-7$；　　(2) $f(x)=(x+1)^{\frac{2}{3}}(x-5)^2$；

(3) $f(x)=\dfrac{1}{x}+\ln x$.

7. 求下列函数的最值．

(1) $f(x)=x+\sqrt{1-x}$，$x\in[-5, 1]$；　　(2) $f(x)=x^2e^{-x}$，$x\in[-1, 3]$；

(3) $f(x)=x^2\sqrt{a^2-x^2}$，$x\in[0, a]$.

8. 求下列函数图形的拐点及凹凸区间．

(1) $f(x)=\dfrac{1}{x}+\ln x$；　　(2) $f(x)=\ln(1+x^2)$；

(3) $f(x)=x^2e^{-x}$；　　(4) $f(x)=(1+x)^4+e^x$.

9. 求函数 $y=e^{2x-x^2}$ 的单调区间、极值、曲线的凹凸区间及拐点．

10. 试确定曲线 $y=ax^3+bx^2+cx+d$ 中的 a，b，c，d，使得点 $(-2, 44)$ 中 $x=-2$ 为驻点、$(1, -10)$ 为拐点．

11. 要造一个圆柱形无盖水池，容积 300 m^3，底的单位造价是周围的单位造价的 2 倍，要使水池造价最低，问底半径 r 与高 h 各是多少？

12. 某公司向银行贷款 100 万元，年利息 10%，且按年复利计算．若每年该商品的销售量 Q 与商品价格 p（万元/吨）有关，$Q(p)=7-0.2p$，商品成本 $C(Q)=3Q-1$，政府每年从商家利润中每万元收取 0.1 万元的税，如果每年按最大利润计算，问 3 年后能否还清贷款？

学海乐园　微分中值定理起源

人们对微分中值定理的认识可以追溯到公元前古希腊时代．古希腊的数学家在几何研究中得到如下结论："过抛物线弓形的顶点的切线必平行于抛物线弓形的底"，这正是拉格朗日定理的特殊情况．古希腊著名数学家阿基米德正是巧妙地利用这一结论，求出了抛物弓形的面积，意大利著名数学家卡瓦列里在《不可分量几何学》(1635 年)的卷一中给出处理平面和立体图形切线的有趣引理，其中引理 3 基于几何的观点也叙述了同样一个事实：曲线段上必有一点的切线平行于曲线的弦．这是几何形式的微分中值定理，被人们称为卡瓦列里定理．

人们对微分中值定理的研究，从微积分建立之初就开始了．1637 年，著名法国数学家费马在《求最大值和最小值的方法》中给出费马定理，在教科书中，人们通常将它称为费马定理．1691 年，法国数学家罗尔在《方程的解法》一文中给出多项式形式的罗尔定理．1797 年，法国数学家拉格朗日在《解析函数论》一书中给出拉格朗日定理，并给出最初的证明．对微分中值定理进行系统研究的是法国数学家柯西，他是数学分析严格化运动的推动者，他的三部巨著《分析教程》、《无穷小计算教程概论》(1823 年)、《微分计算教程》(1829 年)，以严格化为其主要目标，对微积分理论进行了重构．他首先赋予中值定理以重要作用，使其成为微分学的核心定理．在《无穷小计算教程概论》中，柯西首先严格地证明了拉格朗日定理，又在《微分计算教程》中将其推广为广义中值定理——柯西定理．从而发现了最后一个微分中值定理．

微分中值定理是一系列中值定理的总称，是研究函数的有力工具，包括罗尔定理、拉格朗日定理、柯西定理，是沟通导数值与函数值之间的桥梁，是利用导数的局部性质推断函数的整体性质的工具．拉格朗日中值定理，建立了函数值与导数值之间的定量联系，因而可用中值定理通过导数去研究函数的性态；中值定理的主要作用在于理论分析和证明；同时由柯西中值定理还可导出一个求极限的洛必达法则．中值定理的应用主要是以中值定理为基础，应用导数判断函数上升、下降、取极值、凹形、凸形和拐点等项的重要形态，从而能把握住函数图象的各种几何特征，在极值问题上也有重要的实际应用．微分中值定理是微积分学的理论基础，它不仅在数学领域中有着广泛的应用，而且在其他领域也有着重要的应用价值．

第三章　微分中值定理及导数的应用练习题

第 4 章　不定积分

前面我们介绍了求已知函数的导数和微分，本章讨论其相反的问题，即已知一个函数的导数或微分，求原来的函数．由此得出的不定积分的概念是积分学重要的基本概念之一．

- 不定积分
  - 不定积分的概念和性质
    - 原函数
    - 不定积分的概念
    - 不定积分的几何意义
    - 不定积分的基本公式
    - 不定积分的性质
  - 不定积分的换元积分法
    - 第一类换元积分法（凑微分法）
    - 第二类换元积分法
  - 分部积分法
  - 有理函数的积分
    - 有理函数的积分
    - 三角函数的有理式的积分

吴大任与中国高等教育数学

吴大任（1908—1997）是我国数学家、教育家，是我国积分几何研究的先驱之一，对不定积分的研究有重要贡献．吴大任对我国高等教育事业作出了积极贡献，研究领域涉及积分几何、非欧几何、微分几何及其应用（齿轮理论）．

在积分几何方面，吴大任是最早开展这方面研究的数学家之一，他开创了椭圆空间的积分几何系统研究，并推导出重要的运动基本公式．他对欧氏平面和空间中的凸体弦幂积分的一系列不等式做了证明，并推出了关于几何概率和几何中值的不等式，他的工作对国家的教育事业和科研事业做出了巨大贡献．

4.1 不定积分的概念和性质

4.1.1 原函数

在微分学中，已知函数可以求出其导数，例如：

引例 1 已知曲线方程 $y=f(x)$，则可以求出曲线在任一点 x 处的切线的斜率 $k=f'(x)$．如曲线 $y=x^2$ 在点 x 处的斜率为 $k=(x^2)'=2x$.

但在实际问题中，常常会遇到与此相反的问题．

引例 2 已知切线斜率，求曲线的方程．

求过点(2，3)且在点$(x，y)$处的切线斜率为 $2x$ 的曲线方程．

以上两个问题：引例 1 即求导运算，是已知原来的函数 $F(x)$，求其导函数 $f(x)=F'(x)$；

引例 2 是求导运算的逆运算，即已知导函数 $f(x)$，求其原来的函数 $F(x)$.

定义 1 设 $f(x)$ 是定义在某区间的已知函数，如果存在函数 $F(x)$，使得在该区间内的任何一点都有：

$$F'(x)=f(x) \text{或} \mathrm{d}F(x)=f(x)\mathrm{d}x.$$

则称函数 $F(x)$ 是函数 $f(x)$ 在该区间内的一个原函数．

例如，在区间 $\mathbf{R}$ 内，$(x^2)'=2x$，所以 x^2 是 $2x$ 一个原函数，又因为 $(x^2+1)'=2x$，$(x^2-\sqrt{2})'=2x$，$(x^2+C)'=2x$（C 为任意常数），故 x^2+1、$x^2-\sqrt{2}$、x^2+C 也是 $2x$ 的原函数．

注：这说明原函数是不唯一的．

关于原函数，我们可以提出三个问题：

(1) $f(x)$ 具备了什么条件，就能保证它的原函数存在？

(2) 如果 $f(x)$ 有原函数，那么它的原函数有多少个？

(3) $f(x)$ 的任意两个原函数之间有什么关系？

对上述问题，我们有以下三个定理：

定理 1 如果 $f(x)$ 在某一区间内连续，那么在该区间内它的原函数一定存在．

定理 2 如果 $f(x)$ 在某个区间内有一个原函数 $F(x)$，那么对于任何常数 C，函数 $F(x)+C$ 也是 $f(x)$ 的原函数．

定理 3 如果 $G(x)$ 和 $F(x)$ 都是 $f(x)$ 在某个区间内的原函数，则它们相差一个常数.

4.1.2 不定积分的概念

定义 2 函数 $f(x)$ 的全体原函数称为 $f(x)$ 的不定积分，记作：

$$\int f(x)\,\mathrm{d}x.$$

其中 $\int$ 称为积分号，$f(x)$ 称为被积函数，$f(x)\,\mathrm{d}x$ 称为被积表达式，x 称为积分变量，任意常数 C 称为积分常数.

例 4-1 求 $\int x^3\mathrm{d}x$.

【解】 因为 $\left(\frac{1}{4}x^4\right)'=x^3$，所以 $\frac{1}{4}x^4$ 是 x^3 的一个原函数.

因此有 $\int x^3\mathrm{d}x=\frac{1}{4}x^4+C$.

例 4-2 求 $\int \sin x\mathrm{d}x$.

【解】 因为 $(-\cos x)'=\sin x$，所以 $-\cos x$ 是 $\sin x$ 的一个原函数.

因此有 $\int \sin x\mathrm{d}x=-\cos x+C$.

例 4-3 引例 2 的解答.

求过点 $(2, 3)$ 且在点 (x, y) 处的切线斜率为 $2x$ 的曲线方程.

【解】 设曲线方程为 $y=f(x)$，根据导数的几何意义得 $f'(x)=2x$，而 x^2 是 $2x$ 的一个原函数，所以由不定积分的定义得：$f(x)=\int 2x\mathrm{d}x=x^2+C$，将 $(2, 3)$ 代入得 $C=-1$. 故曲线方程为 $y=x^2-1$.

4.1.3 不定积分的几何意义

通常我们把 $f(x)$ 的一个原函数 $F(x)$ 的图形叫作 $f(x)$ 的积分曲线，它的方程是 $y=F(x)$. 这样，不定积分 $\int f(x)\,\mathrm{d}x$ 在几何上表示 $f(x)$ 的积分曲线簇，它的方程是

$$y=F(x)+C\ (C\ 为任意常数).$$

由 $y'=[F(x)+C]'=f(x)$ 可知，在积分曲线簇上横坐标相同的点处作切线，这些切线互相平行. 由于 $f(x)$ 的任意两条积分曲线纵坐标之间相差一个常数，所以积分曲线簇 $y=F(x)+C$ 中每一条曲线都可以由曲线 $y=F(x)$ 沿 y 轴方向上下平移而得到，如图 4-1 所示.

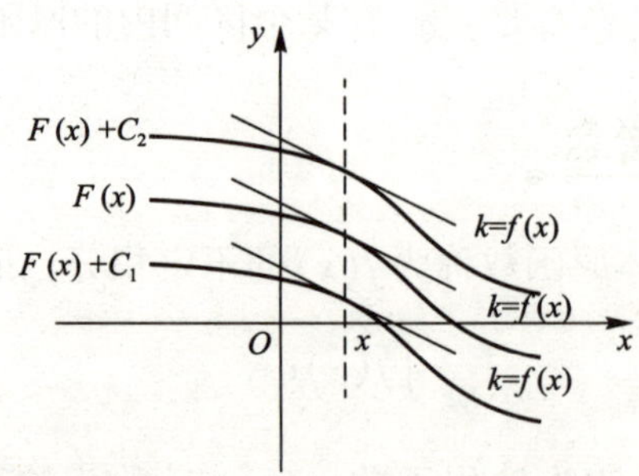

图 4-1　不定积分的几何意义

注：不定积分表示一簇原函数．

4.1.4　不定积分的基本公式

(1) $\int 0\mathrm{d}x=C$;

(2) $\int x^n\mathrm{d}x=\dfrac{1}{n+1}x^{n+1}+C(n\neq-1)$;

(3) $\int \dfrac{1}{x}\mathrm{d}x=\ln|x|+C$;

(4) $\int a^x\mathrm{d}x=\dfrac{1}{\ln a}a^x+C$（其中 $a>0$ 且 $a\neq1$）;

(5) $\int \mathrm{e}^x\mathrm{d}x=\mathrm{e}^x+C$;

(6) $\int \cos x\mathrm{d}x=\sin x+C$;

(7) $\int \sin x\mathrm{d}x=-\cos x+C$;

(8) $\int \sec^2x\mathrm{d}x=\tan x+C$;

(9) $\int \csc^2x\mathrm{d}x=-\cot x+C$;

(10) $\int \tan x\sec x\mathrm{d}x=\sec x+C$;

(11) $\int \cot x\csc x\mathrm{d}x=-\csc x+C$;

(12) $\int \dfrac{1}{1+x^2}\mathrm{d}x=\arctan x+C$;

(13) $\int \dfrac{1}{\sqrt{1-x^2}}\mathrm{d}x=\arcsin x+C$.

上述公式是求不定积分的基础，它们都可以通过对等式右端的函数求导后等于左端的被积函数来直接验证．

4.1.5　不定积分的性质

由不定积分的定义，可得如下性质：

性质 1　$\left[\int f(x)\mathrm{d}x\right]'=f(x)$ 或 $\mathrm{d}\left[\int f(x)\mathrm{d}x\right]=f(x)\mathrm{d}x$.

性质 2　$\int F'(x)\mathrm{d}x=F(x)+C$ 或 $\int \mathrm{d}F(x)=F(x)+C$.

由两个性质可知，除相差一个常数外，微分运算与求不定积分的运算是互逆的．当积分运算和微分运算连在一起时，或者抵消、或者抵消后相差一个常数，上述两个性质可简记为：先积后微还原；先微后积差一个常数．

性质 3 $\int[f(x)\pm g(x)]\mathrm{d}x=\int f(x)\mathrm{d}x\pm\int g(x)\mathrm{d}x.$

这个性质可推广到有限个函数的代数和的情形．

性质 4 $\int kf(x)\mathrm{d}x=k\int f(x)\mathrm{d}x$（其中 k 是常数，且 $k\neq0$）．

例 4-4 $\int\left(2+\sqrt{x}+\frac{3}{x}+\mathrm{e}^x\right)\mathrm{d}x.$

【解】
$$\begin{aligned}\int\left(2+\sqrt{x}+\frac{3}{x}+\mathrm{e}^x\right)\mathrm{d}x &= \int 2\mathrm{d}x+\int\sqrt{x}\,\mathrm{d}x+\int\frac{3}{x}\mathrm{d}x+\int\mathrm{e}^x\mathrm{d}x\\ &=2x+\frac{2}{3}x^{\frac{3}{2}}+3\ln|x|+\mathrm{e}^x+C.\end{aligned}$$

例 4-5 $\int\frac{1+x+x^2}{x(1+x^2)}\mathrm{d}x.$

【解】
$$\begin{aligned}\int\frac{1+x+x^2}{x(1+x^2)}\mathrm{d}x &= \int\frac{x}{x(1+x^2)}\mathrm{d}x+\int\frac{1+x^2}{x(1+x^2)}\mathrm{d}x\\ &=\int\frac{1}{1+x^2}\mathrm{d}x+\int\frac{1}{x}\mathrm{d}x\\ &=\arctan x+\ln|x|+C.\end{aligned}$$

例 4-6 $\int\sec x(\sec x-\tan x)\mathrm{d}x.$

【解】
$$\begin{aligned}\int\sec x(\sec x-\tan x)\mathrm{d}x &= \int\sec^2x\mathrm{d}x-\int\sec x\tan x\mathrm{d}x\\ &=\tan x-\sec x+C.\end{aligned}$$

例 4-7 $\int\sin^2\frac{x}{2}\mathrm{d}x.$

【解】
$$\begin{aligned}\int\sin^2\frac{x}{2}\mathrm{d}x&=\int\frac{1-\cos x}{2}\mathrm{d}x=\int\frac{1}{2}\mathrm{d}x-\int\frac{1}{2}\cos x\mathrm{d}x\\ &=\frac{1}{2}x-\frac{1}{2}\sin x+C.\end{aligned}$$

习题 4.1

1. 求下列不定积分．

(1) $\int(3x+3^x+4)\mathrm{d}x$；　　(2) $\int\left(\sqrt[3]{x^2}+\frac{1}{\sqrt{x}}\right)\mathrm{d}x$；

(3) $\int (x^2+2)^3 dx$;　　(4) $\int \frac{(x-1)(x^2+3)}{3x^2}dx$;

(5) $\int \frac{x-9}{\sqrt{x}-3}dx$;　　(6) $\int \frac{1}{x^3\sqrt{x}}dx$;

(7) $\int (\frac{1}{x}+x)^2 dx$;　　(8) $\int \frac{\sqrt{x}+\sqrt[3]{x^2}-1}{\sqrt[4]{x}}dx$.

2. 一曲线通过点(e^2, 3). 且在任一点处的切线斜率等于该点横坐标的倒数，求此曲线的方程.

3. 一物体做直线运动，其速度 $v=2t+3$(m/s). 当 $t=3$ s 时，物体经过的路程 $s=12$ m，求物体的运动方程.

4.2　不定积分的换元积分法

利用基本积分公式和不定积分的性质求不定积分的函数是非常有限的，为了能够求出更多函数的不定积分，有必要进一步研究求不定积分的方法．本节介绍的换元法是最常用的一种积分法，该积分法的基本思想是：把要计算的积分通过变量代换为积分表中所列的积分，利用基本积分公式求出原函数后，再换回原来的变量，换元法有以下两类．

4.2.1　第一类换元积分法(凑微分法)

例 4-8 求 $\int \cos(2x-1)dx$.

【解】 被积函数 $\cos(2x-1)$ 是一个复合函数．根据基本积分表中的公式 $\int \cos x dx=\sin x+C$，我们可设 $u=2x-1$，得出 $x=\frac{1}{2}u+\frac{1}{2}$，从而 $dx=\frac{1}{2}du$，因此，作变换有：

$$\int \cos(2x-1)dx=\frac{1}{2}\int \cos u du=\frac{1}{2}\sin u+C=\frac{1}{2}\sin(2x-1)+C.$$

因此，一般有下面的：

定理 4 设 $f(u)$ 连续，$F(u)$ 是 $f(u)$ 的原函数，即 $\int f(u)dx=F(u)+C$，$u=\varphi(x)$ 可导，则有公式：

$$\int f[\varphi(x)]\varphi'(x)dx=F(\varphi(x))+C.$$

第一类换元积分法解决的问题是：所求的积分不能直接使用基本公式，通过变换积分变量后(换元)可以凑成基本公式，然后求出不定积分，最后还原回原来的积分变量．

例 4-9 求$\int(1+2x)^5\mathrm{d}x$.

【解】 $\int(1+2x)^5\mathrm{d}x=\int\frac{1}{2}(1+2x)^5\mathrm{d}(1+2x)=\frac{1}{2}\int(1+2x)^5\mathrm{d}(1+2x)$,

令 $u=1+2x$，则有

$$\frac{1}{2}\int(1+2x)^5\mathrm{d}(1+2x)=\frac{1}{2}\int u^5\mathrm{d}u=\frac{1}{2}\cdot\frac{1}{6}u^6+C=\frac{1}{12}(1+2x)^6+C.$$

例 4-10 求$\int\tan x\mathrm{d}x$.

【解】 $\int\tan x\mathrm{d}x=\int\frac{\sin x}{\cos x}\mathrm{d}x=-\int\frac{1}{\cos x}\mathrm{d}\cos x$,

令 $u=\cos x$，则有

$$-\int\frac{1}{\cos x}\mathrm{d}\cos x=-\int\frac{1}{u}\mathrm{d}u=-\ln|u|+C=-\ln|\cos x|+C.$$

在对变量代换比较熟练后，就不用把中间变量 u 写出来，为使被积表达式能写成$f[\varphi(x)]\mathrm{d}\varphi(x)$的形式，应熟记下列式子：

(1) $a\mathrm{d}x=\mathrm{d}(ax)=\mathrm{d}(ax+b)$($a$，$b$ 均为常数)；

(2) $x^m\mathrm{d}x=\frac{1}{m+1}\mathrm{d}(x^{m+1})$；

(3) $\mathrm{e}^x\mathrm{d}x=\mathrm{d}(\mathrm{e}^x)$；

(4) $\cos x\mathrm{d}x=\mathrm{d}(\sin x)$；

(5) $\sin x\mathrm{d}x=-\mathrm{d}(\cos x)$；

(6) $\sec^2x\mathrm{d}x=\mathrm{d}(\tan x)$；

(7) $\csc^2x\mathrm{d}x=-\mathrm{d}(\cot x)$；

(8) $\frac{1}{x}\mathrm{d}x=\mathrm{d}(\ln x)$；

(9) $\frac{1}{\sqrt{1-x^2}}\mathrm{d}x=\mathrm{d}(\arcsin x)=-\mathrm{d}(\arccos x)$；

(10) $\frac{1}{1+x^2}\mathrm{d}x=\mathrm{d}(\arctan x)=-\mathrm{d}(\mathrm{arccot}x)$.

例 4-11 求$\int\sin^3x\mathrm{d}x$.

【解】 $\int\sin^3x\mathrm{d}x=\int(1-\cos^2x)\sin x\mathrm{d}x=-\int(1-\cos^2x)\mathrm{d}\cos x=-\left(\cos x-\frac{1}{3}\cos^3x\right)+C$

$$=-\cos x+\frac{1}{3}\cos^3 x+C.$$

例 4-12 求 $\int\frac{1}{a^2+x^2}\mathrm{d}x(a\neq 0)$.

【解】 $\int\frac{1}{a^2+x^2}\mathrm{d}x=\int\frac{1}{a^2}\cdot\frac{1}{\left[1+\left(\frac{x}{a}\right)^2\right]}\mathrm{d}x=\frac{1}{a}\int\frac{1}{\left[1+\left(\frac{x}{a}\right)^2\right]}\mathrm{d}\left(\frac{x}{a}\right)=\frac{1}{a}\arctan\frac{x}{a}+C.$

例 4-13 求 $\int\frac{1}{x^2-a^2}\mathrm{d}x(a>0)$.

【解】 $\int\frac{1}{x^2-a^2}\mathrm{d}x=\int\frac{1}{(x+a)(x-a)}\mathrm{d}x=\frac{1}{2a}\int\frac{(x+a)-(x-a)}{(x+a)(x-a)}\mathrm{d}x=\frac{1}{2a}\int\left(\frac{1}{x-a}-\frac{1}{x+a}\right)\mathrm{d}x$

$$=\frac{1}{2a}\ln|x-a|-\frac{1}{2a}\ln|x+a|+C=\frac{1}{2a}\ln\left|\frac{x-a}{x+a}\right|+C.$$

例 4-14 求 $\int\frac{1}{x(1+2\ln x)}\mathrm{d}x$.

【解】 $\int\frac{1}{x(1+2\ln x)}\mathrm{d}x=\int\frac{1}{1+2\ln x}\mathrm{d}(\ln x)=\frac{1}{2}\int\frac{1}{1+2\ln x}\mathrm{d}(1+2\ln x)$

$$=\frac{1}{2}\ln|1+2\ln x|+C.$$

例 4-15 求 $\int\tan x\mathrm{d}x$.

【解】 $\int\tan x\mathrm{d}x=\int\frac{\sin x}{\cos x}\mathrm{d}x=-\int\frac{1}{\cos x}\mathrm{d}(\cos x)=-\ln|\cos x|+C.$

类似有：$\int\cot x\mathrm{d}x=\ln|\sin x|+C.$

例 4-16 求 $\int\csc x\mathrm{d}x$.

【解】 $\int\csc x\mathrm{d}x=\int\frac{1}{\sin x}\mathrm{d}x=\int\frac{1}{2\sin\frac{x}{2}\cos\frac{x}{2}}\mathrm{d}x=\int\frac{\cos\frac{x}{2}}{2\sin\frac{x}{2}\cos^2\frac{x}{2}}\mathrm{d}x$

$$=\int\frac{1}{2\tan\frac{x}{2}\cos^2\frac{x}{2}}\mathrm{d}x=\int\frac{1}{\tan\frac{x}{2}}\mathrm{d}\left(\tan\frac{x}{2}\right)$$

$$=\ln\left|\tan\frac{x}{2}\right|+C,$$

$$\tan\frac{x}{2}=\frac{\sin\frac{x}{2}}{\cos\frac{x}{2}}=\frac{2\sin^2\frac{x}{2}}{2\sin\frac{x}{2}\cos\frac{x}{2}}=\frac{1-\cos x}{\sin x}=\csc x-\cot x,$$

故 $\int\csc x\mathrm{d}x=\ln|\csc x-\cot x|+C.$

类似有：$\int\sec x\mathrm{d}x=\ln|\sec x+\tan x|+C.$

4.2.2　第二类换元积分法

第一类换元积分法是通过令 $u=\varphi(x)$ 的变换，将积分 $\int f[\varphi(x)]\varphi'(x)\mathrm{d}x$ 化为 $\int f(u)\mathrm{d}u$，然后运用基本积分公式．而下面要介绍的第二类换元积分法是设 $x=\varphi(t)$，这时 $\mathrm{d}x=\varphi'(t)\mathrm{d}t$，可得 $\int f(x)\mathrm{d}x=\int f[\varphi(t)]\varphi'(t)\mathrm{d}t$，从而求出结果．

定理 5　设 $f(x)$ 连续，$x=\varphi(t)$ 具有连续的导数，且 $\varphi'(t)\neq0$、$t=\varphi^{-1}(x)$ 是 $x=\varphi(t)$ 的反函数．设 $f[\varphi(t)]\varphi'(t)$ 具有原函数，即 $\int f[\varphi(t)]\varphi'(t)\mathrm{d}t=F(t)+C$，则有换元公式：

$$\int f(x)\mathrm{d}x=\int f[\varphi(t)]\varphi'(t)\mathrm{d}t=F(t)+C=F(\varphi^{-1}(x))+C.$$

通常把上述积分方法称为第二类换元积分法．

注：第二类换元积分法是先换元、再积分、最后回代，与第一类换元积分法先凑后换元不一样．

例 4-17　求 $\int\frac{\mathrm{d}x}{1+\sqrt{2x}}$.

【解】　令 $\sqrt{2x}=t$，即 $x=\frac{1}{2}t^2$，$\mathrm{d}x=t\mathrm{d}t$.

$$\int\frac{\mathrm{d}x}{1+\sqrt{2x}}=\int\frac{t}{1+t}\mathrm{d}t=\int\left(1-\frac{1}{1+t}\right)\mathrm{d}t=t-\ln|1+t|+C=\sqrt{2x}-\ln\left|1+\sqrt{2x}\right|+C.$$

例 4-18　求 $\int\frac{\mathrm{d}x}{\sqrt{e^x+1}}$.

【解】　令 $\sqrt{e^x+1}=t$. 即 $x=\ln(t^2-1)$，$\mathrm{d}x=\frac{2t}{t^2-1}\mathrm{d}t$，

$$\int\frac{\mathrm{d}x}{\sqrt{e^x+1}}=\int\frac{1}{t}\cdot\frac{2t}{t^2-1}\mathrm{d}t=\int\frac{2}{t^2-1}\mathrm{d}t=\int\left(\frac{1}{t-1}-\frac{1}{t+1}\right)\mathrm{d}t$$

$$=\ln|1-t|-\ln|1+t|+C=\ln\left|\frac{1-t}{1+t}\right|+C=\ln\left|\frac{1-\sqrt{e^x+1}}{1+\sqrt{e^x+1}}\right|+C.$$

第二换元积分法十分灵活，能解决不定积分的很多问题，其中，有些类型的不定积分，利用三角函数进行代换，可简化被积函数，以下介绍常用的三角代换．

例 4-19 求 $\int\sqrt{a^2-x^2}\,dx(a>0)$.

【解】 令 $x=a\sin t$，$t\in\left(-\frac{\pi}{2},\ \frac{\pi}{2}\right)$，则

$$t=\arcsin\frac{x}{a},\quad dx=a\cos t dt,$$

$$\int\sqrt{a^2-x^2}\,dx=\int a^2\cos^2 t dt=a^2\int\frac{1+\cos 2t}{2}dt=a^2\left(\frac{t}{2}+\frac{\sin 2t}{4}\right)+C=\frac{1}{2}a^2t+\frac{1}{2}a^2\sin t\cos t+C,$$

代回原变量，

$$\sin t=\frac{x}{a},\quad \cos t=\frac{\sqrt{a^2-x^2}}{a},$$

$$\int\sqrt{a^2-x^2}\,dx=\frac{1}{2}a^2\arcsin\frac{x}{a}+\frac{x}{2}\sqrt{a^2-x^2}+C.$$

例 4-20 求 $\int\frac{1}{\sqrt{a^2+x^2}}dx(a>0)$.

【解】 令 $x=a\tan t$，$t\in\left(-\frac{\pi}{2},\ \frac{\pi}{2}\right)$，则

$$dx=a\sec^2 t dt,$$

$$\int\frac{1}{\sqrt{a^2+x^2}}dx=\int\frac{a\sec^2 t}{a\sec t}dt=\int\sec t dt=\ln|\sec t+\tan t|+C_1,$$

代回原变量，$\tan t=\frac{x}{a}$，$\sec t=\frac{\sqrt{a^2+x^2}}{a}$，

$$\int\frac{1}{\sqrt{a^2+x^2}}dx=\ln\left|\frac{x}{a}+\frac{\sqrt{a^2+x^2}}{a}\right|+C_1=\ln\left|x+\sqrt{a^2+x^2}\right|+C\quad(C=C_1-\ln a).$$

例 4-21 求 $\int\frac{1}{\sqrt{x^2-a^2}}dx(a>0)$.

【解】 令 $x=a\sec t$，$t\in\left(0,\ \frac{\pi}{2}\right)$，则 $dx=a\sec t\tan t dt$，

$$\int\frac{1}{\sqrt{x^2-a^2}}dx=\int\frac{1}{a\tan t}a\sec t\tan t dt=\int\sec t dt=\ln|\sec t+\tan t|+C_1,$$

代回原变量

$$\sec t=\frac{x}{a},\quad \tan t=\frac{\sqrt{x^2-a^2}}{a},$$

$$\int \frac{1}{\sqrt{x^2-a^2}}dx=\ln\left|\frac{x}{a}+\frac{\sqrt{x^2-a^2}}{a}\right|+C_1=\ln\left|x+\sqrt{x^2-a^2}\right|+C\quad(C=C_1-\ln a).$$

由以上三个例题可以看出．如果被积函数含有：

(1) $\sqrt{a^2-x^2}$，可令 $x=a\sin t$ 或 $x=a\cos t$；

(2) $\sqrt{a^2+x^2}$，可令 $x=a\tan t$ 或 $x=a\cot t$；

(3) $\sqrt{x^2-a^2}$，可令 $x=a\sec t$ 或 $x=a\csc t$.

习题 4.2

1. 求下列不定积分．

(1) $\int \frac{dx}{5-2x}$；

(2) $\int e^{-\frac{1}{2}x}dx$；

(3) $\int \frac{1}{\sqrt[3]{(2x-1)^2}(2x-1)}dx$；

(4) $\int \tan(3x-2)dx$；

(5) $\int \frac{\cos x}{e^{\sin x}}dx$；

(6) $\int \frac{\sqrt{2+\ln(1+x)}}{1+x}dx$；

(7) $\int \cos x\cos 3x dx$；

(8) $\int e^{e^x+x}dx$.

2. 求下列不定积分．

(1) $\int \frac{dx}{1+\sqrt{2x}}$；

(2) $\int \frac{x}{\sqrt{1+\sqrt[3]{x^2}}}dx$；

(3) $\int \frac{\sqrt{x+1}-1}{\sqrt{x+1}+1}dx$；

(4) $\int \frac{dx}{\sqrt{e^x+1}}$；

(5) $\int x^2\sqrt{4-x^2}dx$；

(6) $\int \frac{\sqrt{a^2-x^2}}{x^2}dx\ (a>0)$.

4.3　分部积分法

前面介绍的换元积分法，本质是利用复合函数的微分法，可以解决一些不定积分，但对于一些特定类型的如 $\int x\sin x dx$，$\int xe^{-x}dx$，$\int x\ln x dx$，$\int \arccos x dx$ 求解不出来，为了解决这类不定积分，本节介绍另外一种求不定积分的方法：分部积分法，是由两个函数乘积的微分公式推导出的方法，过程如下：

$$d(uv)=du\cdot v+udv \quad 可得\ udv=d(uv)-vdu,$$

两边同时积分得

$$\int udv=\int d(uv)-\int vdu=uv-\int vdu,$$

上述公式叫作分部积分公式．

定理 6 设函数 $u(x)$ 及 $v(x)$ 具有连续导数，则

$$\int udv=uv-\int vdu.$$

分部积分法的作用在于：如果不定积分 $\int vdu$ 较积分 $\int udv$ 易于求得，分部积分公式就能发挥作用了．

例 4-22 求 $\int x\sin x dx$.

【解】 设 $u=x$，$dv=\sin x dx$，即 $v=-\cos x$，则

$$\int x\sin x dx=-x\cos x-\int(-\cos x)dx=-x\cos x+\sin x+C.$$

注：如果设 $u=\sin x$，$dv=xdx$，即 $v=\frac{x^2}{2}$，则

$$\int x\sin x dx=\frac{x^2}{2}\sin x-\int\frac{x^2}{2}\cos x dx,$$

而 $\int\frac{x^2}{2}\cos x dx$ 比 $\int x\sin x dx$ 更不容易求出．

由此可见，使用分部积分法要恰当选择 u 和 dv，选取 u 和 dv 要考虑下面的两条原则：

(1) v 更容易求解；

(2) $\int vdu$ 要比 $\int udv$ 容易积出．

例 4-23 求 $\int xe^x dx$.

【解】 $\int xe^x dx=\int xde^x=xe^x-\int e^x dx=xe^x-e^x+C.$

例 4-24 求 $\int x^2\cos x dx$.

【解】
$$\begin{aligned}\int x^2\cos x dx&=\int x^2 d(\sin x)=x^2\sin x-2\int x\sin x dx\\&=x^2\sin x+2\int xd(\cos x)=x^2\sin x+2x\cos x-2\int\cos x dx\\&=x^2\sin x+2x\cos x-2\sin x+C.\end{aligned}$$

例 4-25 求 $\int x\arctan x\mathrm{d}x$.

【解】 $\int x\arctan x\mathrm{d}x=\int \arctan x\mathrm{d}\left(\frac{x^2}{2}\right)=\frac{x^2}{2}\arctan x-\int \frac{x^2}{2}\mathrm{d}\arctan x$

$$=\frac{1}{2}x^2\arctan x-\frac{1}{2}\int \frac{x^2}{1+x^2}\mathrm{d}x=\frac{1}{2}x^2\arctan x-\frac{1}{2}\int \frac{x^2+1-1}{1+x^2}\mathrm{d}x$$

$$=\frac{1}{2}x^2\arctan x-\frac{1}{2}\int \mathrm{d}x+\frac{1}{2}\int \frac{1}{1+x^2}\mathrm{d}x$$

$$=\frac{1}{2}x^2\arctan x-\frac{1}{2}x+\frac{1}{2}\arctan x+C.$$

以下类型的积分常考虑使用分部积分法：

(1) $\int x^n\sin mx\mathrm{d}x$ 或 $\int x^n\cos mx\mathrm{d}x$；

(2) $\int x^n\mathrm{e}^{mx}\mathrm{d}x$；

(3) $\int x^n\ln^m x\mathrm{d}x$；

(4) $\int x^n\arcsin x\mathrm{d}x$ 或 $\int x^n\arctan x\mathrm{d}x$；

(5) $\int \mathrm{e}^{nx}\sin mx\mathrm{d}x$ 或 $\int \mathrm{e}^{nx}\cos mx\mathrm{d}x$.

解上述五种类型积分时．u 和 $\mathrm{d}v$ 有以下选取方法：

在(1)(2)两种形式中，可设 $u=x^n$，被积表达式的其余部分为 $\mathrm{d}v$；

在(3)(4)两种形式中，可设 $u=\ln^m x$，$u=\arcsin x$ 或 $u=\arctan x$，$\mathrm{d}v=x^n\mathrm{d}x$；

在第(5)种形式中，指数函数与三角函数二者均可作为 u.

例 4-26 求 $\int x^2\ln x\mathrm{d}x$.

【解】 $\int x^2\ln x\mathrm{d}x=\int \ln x\mathrm{d}\left(\frac{x^3}{3}\right)=\frac{x^3}{3}\ln x-\int \frac{x^3}{3}\mathrm{d}(\ln x)$

$$=\frac{1}{3}x^3\ln x-\int \frac{x^3}{3}\cdot\frac{1}{x}\mathrm{d}x=\frac{1}{3}x^3\ln x-\frac{1}{3}\int x^2\mathrm{d}x$$

$$=\frac{1}{3}x^3\ln x-\frac{1}{9}x^3+C.$$

例 4-27 求 $\int \mathrm{e}^x\sin x\mathrm{d}x$.

【解】 $\int \mathrm{e}^x\sin x\mathrm{d}x=\int \sin x\mathrm{d}(\mathrm{e}^x)=\mathrm{e}^x\sin x-\int \mathrm{e}^x\mathrm{d}(\sin x)$

$$=\mathrm{e}^x\sin x-\int \mathrm{e}^x\cos x\mathrm{d}x=\mathrm{e}^x\sin x-\int \cos x\mathrm{d}(\mathrm{e}^x)$$

$$=\mathrm{e}^x\sin x-\mathrm{e}^x\cos x+\int \mathrm{e}^x\mathrm{d}(\cos x)$$

$$=\mathrm{e}^x(\sin x-\cos x)-\int \mathrm{e}^x\sin x\mathrm{d}x,$$

移项得

$$2\int e^x\sin x\mathrm{d}x=e^x(\sin x-\cos x),$$

所以

$$\int e^x\sin x\mathrm{d}x=\frac{1}{2}e^x(\sin x-\cos x)+C.$$

本题中，经两次分部积分后，出现了循环现象，这时可通过解方程的方法求得积分，这在分部积分中是一种常用的方法之一.

例 4-28 求 $\int e^{\sqrt{x}}\mathrm{d}x$.

【解】 设 $t=\sqrt{x}$，则 $x=t^2$，$\mathrm{d}x=2t\mathrm{d}t$，

$$\int e^{\sqrt{x}}\mathrm{d}x=2\int te^t\mathrm{d}t,$$

由例 4-23 可知

$$\int e^{\sqrt{x}}\mathrm{d}x=2\int te^t\mathrm{d}t=2(te^t-e^t)+C,$$

故

$$\int e^{\sqrt{x}}\mathrm{d}x=2e^{\sqrt{x}}(\sqrt{x}-1)+C.$$

习题 4.3

求下列不定积分.

(1) $\int \ln x\mathrm{d}x$;

(2) $\int xe^{-x}\mathrm{d}x$;

(3) $\int x\sin 3x\mathrm{d}x$;

(4) $\int e^{-x}\sin x\mathrm{d}x$;

(5) $\int x^2\cos 2x\mathrm{d}x$;

(6) $\int x^2\arctan x\mathrm{d}x$;

(7) $\int \ln^2 x\mathrm{d}x$;

(8) $\int x\ln(x-1)\mathrm{d}x$;

(9) $\int \frac{(\ln x)^3}{x^2}\mathrm{d}x$;

(10) $\int \frac{\arcsin\sqrt{x}}{\sqrt{1-x}}\mathrm{d}x$.

4.4　有理函数的积分

4.4.1　有理函数的积分

有理函数是指两个多项式的商所表示的函数，根据代数学的知识，有理函数一定可以分解成若干个部分分式的代数和．

例 4-29　求 $\int \frac{1}{x(x^2+1)}\mathrm{d}x$.

【解】　$\int \frac{1}{x(x^2+1)}\mathrm{d}x = \int \frac{x}{x^2(x^2+1)}\mathrm{d}x = \frac{1}{2}\int \frac{1}{x^2(x^2+1)}\mathrm{d}(x^2) = \frac{1}{2}\int \left(\frac{1}{x^2}-\frac{1}{x^2+1}\right)\mathrm{d}(x^2)$

$= \frac{1}{2}\ln \frac{x^2}{x^2+1}+C.$

例 4-30　求 $\int \frac{2x+3}{x^2+3x-10}\mathrm{d}x$.

【解】　$\int \frac{2x+3}{x^2+3x-10}\mathrm{d}x = \int \frac{x-2+x+5}{(x+5)(x-2)}\mathrm{d}x = \int \left(\frac{1}{x+5}+\frac{1}{x-2}\right)\mathrm{d}x$

$= \ln|x^2+3x-10|+C.$

例 4-31　求 $\int \frac{x^3}{x+3}\mathrm{d}x$.

【解】　因为　$\frac{x^3}{x+3} = \frac{x^2(x+3)-3x(x+3)+9(x+3)-27}{x+3} = x^2-3x+9-\frac{27}{x+3}$,

故

$$\int \frac{x^3}{x+3}\mathrm{d}x = \int \left(x^2-3x+9-\frac{27}{x+3}\right)\mathrm{d}x = \frac{1}{3}x^3-\frac{3}{2}x^2+9x-27\ln|x+3|+C.$$

4.4.2　三角函数的有理式的积分

三角函数的有理式是指三角函数和常数经过有限次四则运算所构成的函数，由于各种三角函数都可用 $\sin x$ 及 $\cos x$ 的有理式表示，故三角函数有理式也就是 $\sin x$、$\cos x$ 的有理式，这种三角函数的有理式总可以通过三角函数的万能代换 $u=\tan\frac{x}{2}$ 化为关于变量 u 的有理函数．

例 4-32 求 $\int \frac{1}{3+\cos x}dx$.

【解】 因为 $\cos x=\frac{1-\tan^2\frac{x}{2}}{1+\tan^2\frac{x}{2}}$，作万能代换 $u=\tan\frac{x}{2}$，则 $x=2\arctan u$，$dx=\frac{2}{1+u^2}du$，

所以

$$\int \frac{1}{3+\cos x}dx=\int \frac{\frac{2}{1+u^2}}{3+\frac{1-u^2}{1+u^2}}du=\int \frac{1}{2+u^2}du=\frac{1}{\sqrt{2}}\int \frac{1}{1+\left(\frac{u}{\sqrt{2}}\right)^2}d\left(\frac{u}{\sqrt{2}}\right)$$

$$=\frac{1}{\sqrt{2}}\arctan\frac{u}{\sqrt{2}}+C=\frac{1}{\sqrt{2}}\arctan\frac{\tan\frac{x}{2}}{\sqrt{2}}+C.$$

万能代换 $u=\tan\frac{x}{2}$ 对三角函数有理式的积分都可以应用，但对于某些特殊的积分来说，这种变换不一定适用，对具体问题还应灵活应用.

例 4-33 求 $\int \frac{\sin x}{\sin x+\cos x}dx$.

【解】

$$\int \frac{\sin x}{\sin x+\cos x}dx=\frac{1}{2}\int \frac{(\sin x+\cos x)+(\sin x-\cos x)}{\sin x+\cos x}dx$$

$$=\frac{1}{2}\left[\int dx-\int \frac{d(\sin x+\cos x)}{\sin x+\cos x}\right]$$

$$=\frac{1}{2}x-\frac{1}{2}\ln|\sin x+\cos x|+C.$$

习题 4.4

求下列不定积分.

(1) $\int \frac{dx}{x(x-1)^2}$;

(2) $\int \frac{x+3}{x^2-5x+6}dx$;

(3) $\int \frac{1}{(1+x)(1+x^2)}dx$;

(4) $\int \frac{x^2+1}{(1+x)^2(x+x^2)}dx$;

(5) $\int \frac{1}{3+\cos x}dx$;

(6) $\int \frac{1}{2+\sin x}dx$;

(7) $\int \frac{\sin x}{1+\sin x}dx$;

(8) $\int \frac{\sin^2 x}{\cos^3 x}dx$.

复习题 4

一、选择题

1. 函数 e^{-x} 的一个原函数是(　　).

A. e^{-x}　　B. $-e^{-x}$　　C. e^{x}　　D. $-e^{x}$

2. 若$f(x)$是$g(x)$的一个原函数，则(　　).

A. $\int f(x)\mathrm{d}x=g(x)+C$　　B. $\int g(x)\mathrm{d}x=f(x)+C$

C. $\int g'(x)\mathrm{d}x=\int f(x)\mathrm{d}x$　　D. $\int g'(x)\mathrm{d}x=\int f(x)\mathrm{d}x$

3. $\int e^{1-x}\mathrm{d}x=$(　　).

A. $e^{1-x}+C$　　B. e^{1-x}　　C. $xe^{1-x}+C$　　D. $-e^{1-x}+C$

4. 若$\int f(x)\mathrm{d}x=F(x)+C$，则$\int e^{-x}f(e^{-x})\mathrm{d}x=$(　　).

A. $F(e^{x})+C$　　B. $-F(e^{x})+C$　　C. $F(e^{x})+C$　　D. $\dfrac{F(e^{-x})}{C}$

5. 设$f(x)=e^{-x}$. 则$\int\dfrac{f'(\ln x)}{x}\mathrm{d}x=$(　　).

A. $-\dfrac{1}{x}+C$　　B. $-\ln x+C$　　C. $\dfrac{1}{x}+C$　　D. $\ln x+C$

二、解答题

1. 计算下列函数的不定积分.

(1) $\int(2x-1)^{100}\mathrm{d}x$;　　(2) $\int\dfrac{1}{x^2}e^{\frac{1}{x}}\mathrm{d}x$;

(3) $\int\dfrac{\cos\sqrt{x}}{\sqrt{x}}\mathrm{d}x$;　　(4) $\int\dfrac{1}{x\ln x}\mathrm{d}x$;

(5) $\int\dfrac{\cos x}{\sin^2 x}\mathrm{d}x$;　　(6) $\int x\cos(x^2)\mathrm{d}x$;

(7) $\int e^{x}\sin(e^{x})\mathrm{d}x$;　　(8) $\int x^2\sqrt{1+x^3}\mathrm{d}x$;

(9) $\int\dfrac{\sin\dfrac{1}{x}}{x^2}\mathrm{d}x$;　　(10) $\int\dfrac{e^{x}}{1+e^{2x}}\mathrm{d}x$;

(11) $\int \frac{2}{x^2-5x+6}dx$；　　(12) $\int \frac{2}{x^2+2x+2}dx$；

(13) $\int \frac{x^2}{\sqrt{1-x^2}}dx$；　　(14) $\int \frac{1}{2+\sin x}dx$；

(15) $\int \frac{1}{x^2\sqrt{1+x^2}}dx$；　　(16) $\int \frac{1}{\sqrt{(x^2-a^2)^3}}dx(a>0)$.

2. 计算下列函数的不定积分.

(1) $\int \ln x dx$；　　(2) $\int x^2\ln x dx$；

(3) $\int \arcsin x dx$；　　(4) $\int e^x \sin x dx$.

3. 某曲线通过点$(e^2, 4)$，且曲线上任一点处的切线的斜率等于该点横坐标的倒数，求该曲线方程.

4. 某产品的边际成本为$C'(q)=q^{-\frac{1}{2}}+\frac{1}{2000}$，边际收入$R'(q)=100-0.01q$，求总成本函数及总收入函数，已知固定成本为$C_0=10$(元).

学海乐园　不定积分的发展和应用

在17世纪初，牛顿和莱布尼茨分别独立地发现了微积分的基本定理，即微分和积分是互逆的操作. 这一发现为解决实际问题提供了强大的工具，但同时也引发了一些理论问题，如如何定义积分、如何确定积分的存在性和唯一性等.

在18世纪，数学家们对这些问题进行了深入的研究. 例如，欧拉引入了“基本函数”的概念，给出了一种求解不定积分的方法；而达朗贝尔则提出了“解析几何”的思想，将积分看作是曲线下的面积.

进入19世纪后，柯西、黎曼等人进一步发展了不定积分的理论. 柯西提出了“极限存在准则”，解决了一些以前无法解决的问题；黎曼则提出了“黎曼积分”，这是一种更为精细的积分定义，能够处理更复杂的函数.

20世纪以来，不定积分的理论得到了进一步的发展. 如勒贝格积分就是一种更为一般的积分形式，它不仅适用于实数域，也适用于复数域和更一般的度量空间. 此外，还有许多其他的积分形式，如哈尔测度、斯科罗霍德积分等. 总的来说，不定积分的发展历程是一个不断深化和完善的过程，它反映了数学家们对于数学本质的深入理解和探索.

不定积分是微积分学中的一个重要概念，它在多个领域有着广泛的应用．如求定积分，不定积分可以根据牛顿–莱布尼茨公式求出许多函数的定积分，为后面学习定积分打下基础．不定积分在物理和工程领域也有着广泛的应用，如在航空领域，计算飞机受力情况需要分析不同形状物体的受力并求解不定积分；在物理学中，描述粒子在力场中的运动轨迹也可以通过求解位置函数的不定积分来实现；在金融领域，不定积分被用于计算债券价格、股票收益率等金融数据的累积值；在数学领域，不定积分是微分方程和偏微分方程求解的基础．通过掌握不定积分的定义、性质和计算方法，可以更好地理解和解决各种数学和实际问题．

第四章　不定积分练习题

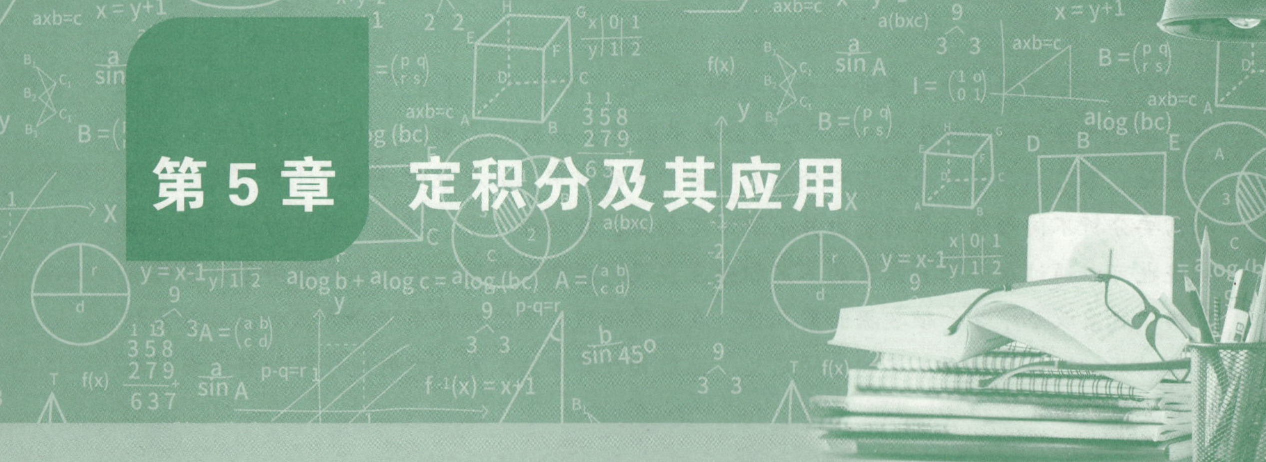

第 5 章 定积分及其应用

定积分是微积分学中又一个重要的基本概念，它作为一类特殊形式的极限，是人类在解决许多实际问题过程中产生并逐步发展完善的一个重要概念．本章首先从实际问题中抽象出定积分的概念，然后讨论它的性质，计算方法及其应用，揭示定积分与不定积分之间的联系．

- 定积分及其应用
  - 定积分的概念和性质
    - 定积分问题举例
    - 定积分的定义
    - 定积分的几何意义
    - 定积分的基本性质
  - 微积分基本公式
    - 积分上限函数
    - 牛顿–莱布尼茨公式
  - 定积分的换元法与分部积分法
    - 定积分的换元积分法
    - 定积分的分部积分法
  - 定积分的元素法
    - 定积分的元素法
    - 平面图形的面积
    - 旋转体的体积
    - 已知平行截面的立体的体积
  - 定积分的应用

莱布尼茨与《中国近况》

戈特弗里德·威廉·莱布尼茨(1646 年 7 月 1 日—1716 年 11 月 14 日)，德国哲学家、数学家．他和牛顿一前一后、各自发明了微积分．他在法学、力学、逻辑学、地质学、植物学等40多个领域都有研究成果.

莱布尼茨是第一批开始研究中国文化与中国哲学的人. 他常常与到过中国的传教士交流，得到一些和中国有关的信息，如养蚕缫丝、造纸印刷、冶炼金属、天文地理、算术、文字等. 这些内容经过整理，形成《中国近况》一书并出版. 他在《中国近况》的绪论中是这样说的："欧洲与中国分别位于大陆的两端，有着最繁荣的文化和最杰出的文明成果." 对于中西双方的优势，莱布尼茨称"中国作为文明古国，有着和欧洲相似的面积以及比欧洲更多的人口". 莱布尼茨字里行间描绘出一幅中西双方友好交流、学习共赢的宏图. 他身体力行地促进中西方文化的交流，让中西双方人民交流学习、共同进步. 他永远是后人敬重的榜样.

5.1　定积分的概念和性质

5.1.1　定积分问题举例

引例　曲边梯形的面积问题

曲线 $y=f(x)$ 在区间 $[a, b]$ 上非负且连续，由曲线 $y=f(x)$、直线 $x=a$、$x=b$ 和 x 轴所围成的平面图形叫曲边梯形，如图5-1所示，下面来求此曲边梯形的面积.

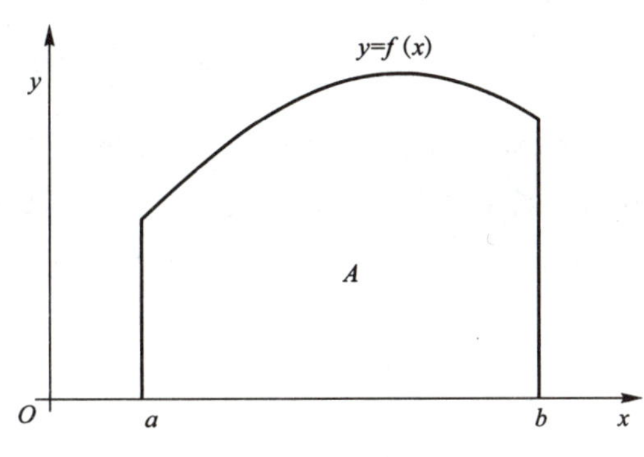

图5-1　曲边梯形

我们将其分为如下四个步骤来求曲边梯形的面积 A：

(1)分割 $[a, b]$：$a=x_0<x_1<\cdots<x_{n-1}<x_n=b$；

(2)近似代替：任取 $\xi_i\in[x_{i-1}, x_i]$，则有 $\Delta A_i=f(\xi_i)\Delta x_i$，其中 $\Delta x_i=x_i-x_{i-1}$(图5-2)；

(3)求和：$A=\sum\limits_{i=1}^{n}\Delta A_i\approx\sum\limits_{i=1}^{n}f(\xi_i)\Delta x_i$；

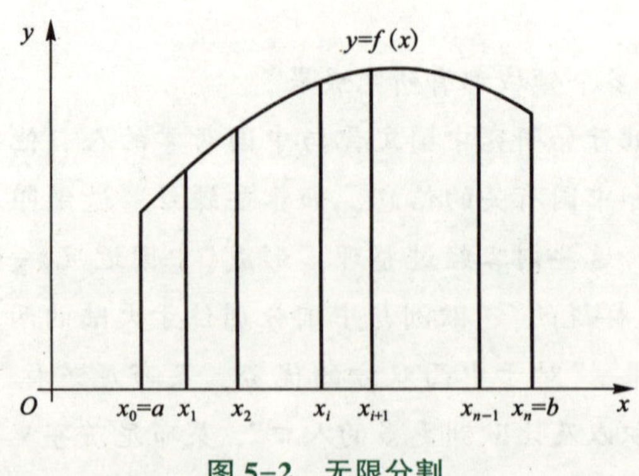

图 5-2　无限分割

(4)取极限：当$[a, b]$被无限细分时，即得曲边梯形的面积 A，$A=\lim\limits_{\lambda\to 0}\sum\limits_{i=1}^{n} f(\xi_i)\Delta x_i$，其中 $\lambda=\max\{\Delta x_1, \Delta x_2, \cdots, \Delta x_n\}$.

注：$\lambda\to 0$ 表示$[a, b]$被无限细分.

我们把求曲边梯形的面积抽象出来，得到的就是我们下面介绍的定积分的定义.

5.1.2　定积分的定义

定义　设函数 $y=f(x)$ 在闭区间$[a, b]$上有定义，在$[a, b]$内插入任意一组分点；

$$a=x_0<x_1<\cdots<x_{n-1}<x_n=b$$

将区间$[a, b]$分成 n 个小区间：

$$[x_0, x_1], [x_1, x_2], \cdots[x_{i-1}, x_i], \cdots, [x_{n-1}, x_n].$$

各个小区间的长度记为 $\Delta x_i=x_i-x_{i-1}(i=1, 2, \cdots, n)$，在每个小区间$[x_{i-1}, x_i]$上任取一点 ξ_i，作乘积 $f(\xi_i)\Delta x_i(i=1, 2, \cdots, n)$，并作出和式 $\sum\limits_{i=1}^{n} f(\xi_i)\Delta x_i$，记

$$\lambda=\max\{\Delta x_i\}, (i=1, 2, \cdots, n).$$

当 n 无限增大且 $\lambda\to 0$ 时，若上述和式的极限存在，则称函数 $y=f(x)$ 在区间$[a, b]$上可积，并将此极限值称为函数 $y=f(x)$ 在$[a, b]$上的定积分，记为

$$\int_a^b f(x)\mathrm{d}x,$$

即

$$\int_a^b f(x)\mathrm{d}x=\lim_{\lambda\to 0}\sum_{i=1}^{n} f(\xi_i)\Delta x_i.$$

其中 $f(x)$ 叫作被积函数，$f(x)\mathrm{d}x$ 叫作被积表达式，x 叫作积分变量，a 和 b 分别叫作积分的下限和上限，$[a, b]$叫作积分区间.

按定积分的定义，引例的结果可以表示为：$A=\int_a^b f(x)\mathrm{d}x$.

关于定积分的定义作以下几点说明：

(1)定积分是个数值，此数值与$[a, b]$的分法无关，与ξ_i的取法无关，$\int_a^b f(x)\mathrm{d}x$只依靠于被积函数$f(x)$及积分区间$[a, b]$.

(2)当和式$\sum_{i=1}^{n} f(\xi_i)\Delta x_i$的极限存在时，其极限仅与被积函数$f(x)$及积分区间$[a, b]$有关，如果只是把积分变量写成其他的字母，积分值不变，即：

$$\int_a^b f(x)\mathrm{d}x = \int_a^b f(t)\mathrm{d}t = \int_a^b f(u)\mathrm{d}u.$$

(3)在$\int_a^b f(x)\mathrm{d}x$的定义中假定了$a<b$，如有其他情形，作以下补充：

当$a>b$时，规定$\int_a^b f(x)\mathrm{d}x = -\int_b^a f(x)\mathrm{d}x$；

当$a=b$时，规定$\int_a^b f(x)\mathrm{d}x = 0$.

5.1.3 定积分的几何意义

当$f(x)\geqslant 0$时，由引例可知，定积分$\int_a^b f(x)\mathrm{d}x$在几何上表示由曲线$y=f(x)$，两直线$x=a$，$x=b$与x轴所围成的曲边梯形的面积.

当$f(x)\leqslant 0$时，这时曲边梯形位于x轴下方，定积分$\int_a^b f(x)\mathrm{d}x$在几何上表示上述曲边梯形面积的负值，如图5-3所示，即$\int_a^b f(x)\mathrm{d}x = -A$.

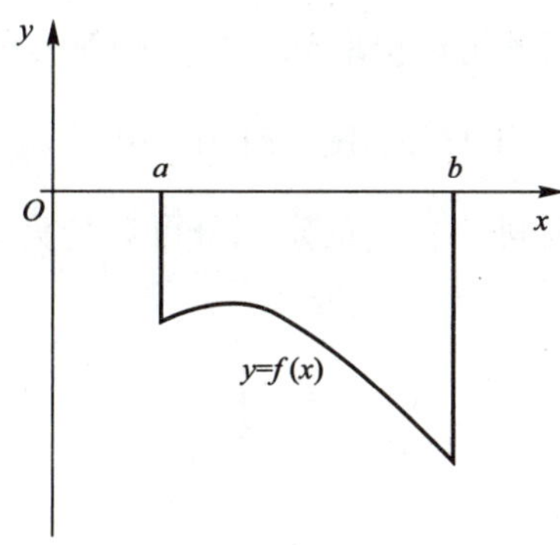

图5-3 $f(x)\leqslant 0$

当$f(x)$的符号不定时，定积分$\int_a^b f(x)\mathrm{d}x$在几何上表示x轴、曲线$y=f(x)$及两直线$x=a$，$x=b$所围成的各个曲边梯形面积的代数和，如图5-4所示，即$\int_a^b f(x)\mathrm{d}x = A_1 - A_2 + A_3$.

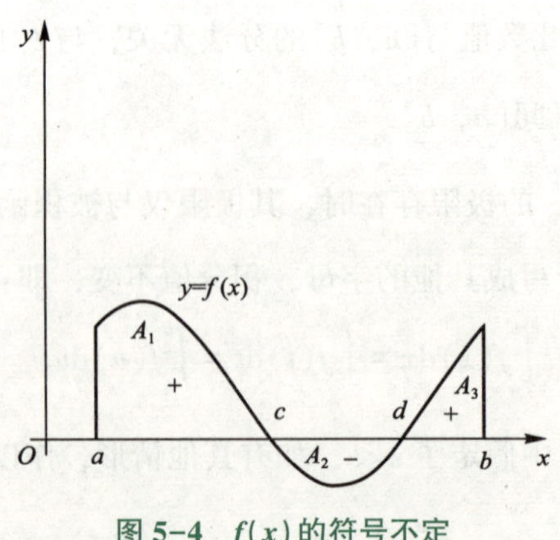

图 5-4 $f(x)$的符号不定

例 5-1 利用定积分的几何意义计算 $\int_0^1 \sqrt{1-x^2}\,\mathrm{d}x$.

【解】 由于被积函数$\sqrt{1-x^2} \geqslant 0$，故根据定积分的几何意义可知$\int_0^1 \sqrt{1-x^2}\,\mathrm{d}x$表示曲线$y=\sqrt{1-x^2}$与两条竖直直线$x=0$，$x=1$之间所围成的图形的面积，可以看出所围成的图形其实就是圆心(0，0)、半径为 1 的圆的四分之一，则$\int_0^1 \sqrt{1-x^2}\,\mathrm{d}x=\frac{\pi}{4}$.

5.1.4 定积分的基本性质

根据定积分的定义以及极限的计算法则，下面讨论定积分的基本性质，假定以下涉及的函数均为可积函数.

性质 1 被积函数的常数因子可以提取到定积分的符号外面，即

$$\int_a^b kf(x)\,\mathrm{d}x = k\int_a^b f(x)\,\mathrm{d}x.$$

性质 2 被积函数在被积区间[a，b]的定积分可等价为负的在被积区间的[b，a]的定积分，即

$$\int_a^b f(x)\,\mathrm{d}x = -\int_b^a f(x)\,\mathrm{d}x.$$

尤其是$a=b$时，$\int_a^b f(x)\,\mathrm{d}x = 0$.

性质 3 函数和(差)的定积分等于它们定积分的和(差)，即

$$\int_a^b [f(x) \pm g(x)]\,\mathrm{d}x = \int_a^b f(x)\,\mathrm{d}x \pm \int_a^b g(x)\,\mathrm{d}x.$$

性质 4 假设在被积区间[a，b]上，函数$f(x)\equiv C$，则

$$\int_a^b f(x)\,\mathrm{d}x = C(b-a)，尤其是 C=1 时，\int_a^b f(x)\,\mathrm{d}x = (b-a).$$

性质 5 积分区间可加性：假设在被积区间[a，b]上存在一点c把区间分为两部分

$[a,c]$，$[c,b]$，则整个积分区间上的定积分可以等于这两个子区间的定积分之和，即

$$\int_a^b f(x)\,\mathrm{d}x=\int_a^c f(x)\,\mathrm{d}x+\int_c^b f(x)\,\mathrm{d}x.$$

性质 6　积分保号性：假设在被积区间$[a,b]$上，函数$f(x)\geqslant 0$，则

$$\int_a^b f(x)\,\mathrm{d}x\geqslant 0.$$

性质 7　积分单调性：假设在被积区间$[a,b]$上，函数$f(x)\geqslant g(x)$，则

$$\int_a^b f(x)\,\mathrm{d}x\geqslant\int_a^b g(x)\,\mathrm{d}x.$$

性质 8　定积分估值定理：假设函数$f(x)$在被积区间$[a,b]$上存在最大值M与最小值m，则

$$m(b-a)\leqslant\int_a^b f(x)\,\mathrm{d}x\leqslant M(b-a).$$

性质 9　积分中值定理：假设函数$f(x)$在区间$[a,b]$上可积，则存在$\xi\in[a,b]$，使得$\int_a^b f(x)\,\mathrm{d}x=f(\xi)(b-a)$.

证明：因为函数$f(x)$在区间$[a,b]$上连续，所有函数$f(x)$存在最大值M与最小值m，有$m(b-a)\leqslant\int_a^b f(x)\,\mathrm{d}x\leqslant M(b-a)$，即

$$m\leqslant\frac{1}{b-a}\int_a^b f(x)\,\mathrm{d}x\leqslant M.$$

又由介值定理的推论可知，在区间$[a,b]$上至少存在一点ξ，使得

$$f(\xi)=\frac{1}{(b-a)}\int_a^b f(x)\,\mathrm{d}x\,(a\leqslant\xi\leqslant b)$$

即

$$\int_a^b f(x)\,\mathrm{d}x=f(\xi)(b-a).$$

积分中值定理的几何意义：在区间$[a,b]$上至少存在一点ξ，使得以区间$[a,b]$为底，以曲线$y=f(x)$为曲线的曲边梯形的面积等于同一底边而高为$f(\xi)$的矩形的面积，如图 5-5 所示 .

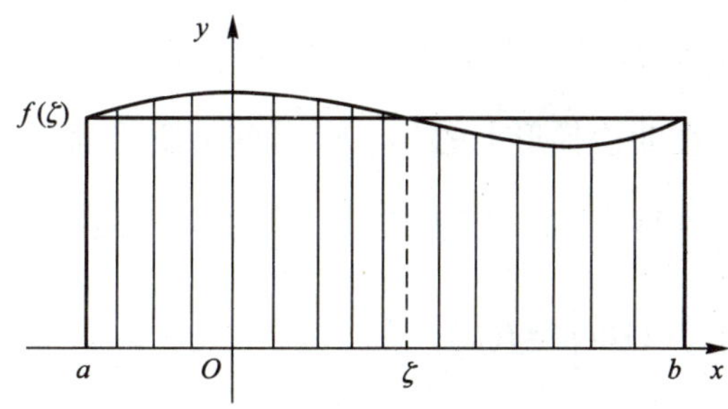

图 5-5　积分中值定理的几何意义

习题 5.1

1. 利用定积分的几何意义计算定积分 $\int_{-1}^{2} x\mathrm{d}x$.

2. 比较下列积分值的大小.

(1) $\int_{0}^{2} x\mathrm{d}x$, $\int_{0}^{2} x^2\mathrm{d}x$;　　(2) $\int_{1}^{2} \ln x\mathrm{d}x$, $\int_{1}^{2} \ln^2 x\mathrm{d}x$.

3. 利用定积分几何意义，说明下列等式.

(1) $\int_{0}^{1} 2x\mathrm{d}x = 1$;　　(2) $\int_{0}^{1} \sqrt{1-x^2}\,\mathrm{d}x = \frac{\pi}{4}$;

(3) $\int_{-\pi}^{\pi} \sin x\mathrm{d}x = 0$;　　(4) $\int_{-\frac{\pi}{2}}^{\frac{\pi}{2}} \cos x\mathrm{d}x = 2\int_{0}^{\frac{\pi}{2}} \cos x\mathrm{d}x$.

5.2 微积分基本公式

由上节的讨论可知，按照定积分的定义来计算定积分是相当困难的，因此，需要寻求一个有效、简单的方法．本节开始介绍一些求解定积分的方法．

5.2.1 积分上限函数

假设函数 $f(x)$ 在区间 $[a, b]$ 上连续，并且对于任意一点 $x \in [a, b]$，由于 $f(x)$ 在 $[a, x]$ 上连续，则定积分 $\int_{a}^{x} f(x)\mathrm{d}x$ 存在．此时，x 既表示定积分的上限，又表示积分变量．明确起见，将积分变量用其他符号替代，上面的定积分可以写成：

$$\int_{a}^{x} f(t)\mathrm{d}t.$$

于是，对于 $[a, b]$ 上任意一点 x，都有唯一确定的值 $\int_{a}^{x} f(t)\mathrm{d}t$ 与之对应，由此在 $[a, b]$ 上定义了一个函数，称之为积分上限函数，记为 $\Phi(x)$，即 $\Phi(x) = \int_{a}^{x} f(t)\mathrm{d}t\,(a \leqslant x \leqslant b)$，其几何意义为在函数 $f(x)$ 在曲边梯形上的 $[a, x]$ 区间的阴影面积．如图 5-6 所示．

定理 1 若函数 $f(x)$ 在区间 $[a, b]$ 上连续，则积分上限函数 $\Phi(x) = \int_{a}^{x} f(t)\mathrm{d}t$ 在 $[a, b]$ 上可导，且 $\Phi'(x) = \left[\int_{a}^{x} f(t)\mathrm{d}t\right]' = f(x)$.

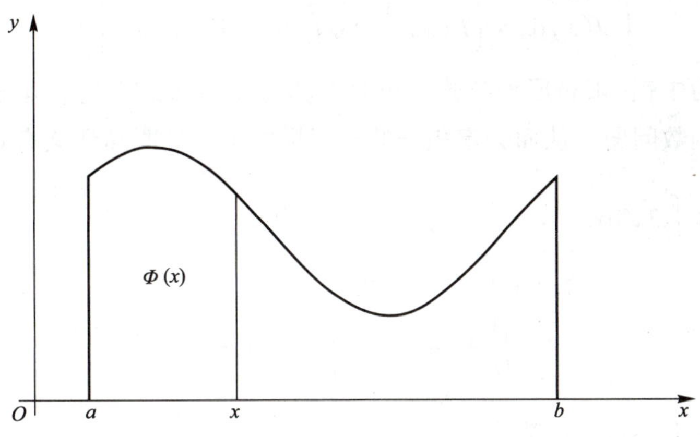

图 5-6　积分上限的函数

定理 1 表明一个重要结论：若函数 $f(x)$ 在区间 $[a, b]$ 上连续，则原函数一定存在，且积分上限函数 $\Phi(x)=\int_a^x f(t)\,\mathrm{d}t\,(a\leqslant x\leqslant b)$ 是连续函数 $f(x)$ 在区间 $[a, b]$ 上的一个原函数.

例 5-2 求 $\int_0^{x^2}\sin t\mathrm{d}t$ 的导数.

【解】 可设 $y=\Phi(x)=\int_0^u\sin t\mathrm{d}t$，$u=x^2$，则利用复合函数求导公式有

$$\frac{\mathrm{d}y}{\mathrm{d}x}=\frac{\mathrm{d}y}{\mathrm{d}u}\cdot\frac{\mathrm{d}u}{\mathrm{d}x}=\frac{\mathrm{d}}{\mathrm{d}u}\Phi(u)\bigg|_{u=x^2}\cdot\frac{\mathrm{d}u}{\mathrm{d}x}=\sin u\bigg|_{u=x^2}\cdot 2x=2x\sin x^2.$$

5.2.2　牛顿-莱布尼茨公式

定理 2 如果函数 $F(x)$ 是连续函数 $f(x)$ 在区间 $[a, b]$ 上的一个原函数．则

$$\int_a^b f(x)\,\mathrm{d}x=F(b)-F(a).$$

证　由于 $F(x)$ 是连续函数 $f(x)$ 在区间 $[a, b]$ 上的一个原函数．且 $\Phi(x)=\int_a^x f(t)\,\mathrm{d}t$ 也是 $f(x)$ 的一个原函数．故 $\int_a^x f(t)\,\mathrm{d}t=F(x)+C$（$C$ 为常数）.

令 $x=a$，则 $\int_a^a f(t)\,\mathrm{d}t=F(a)+C=0$，即 $C=-F(a)$.

再令 $x=b$，则 $\int_a^b f(t)\,\mathrm{d}t=F(b)-F(a)$，将积分变量换为 x，得

$$\int_a^b f(x)\,\mathrm{d}x=F(b)-F(a).$$

注：通常将 $F(b)-F(a)$ 记为 $\Big[F(x)\Big]_a^b$ 或 $F(x)\Big|_a^b$，于是上式又可以写成

$$\int_a^b f(x)\,dx=\Big[F(x)\Big]_a^b \text{ 或 } \int_a^b f(x)\,dx=F(x)\Big|_a^b.$$

以上公式称为牛顿-莱布尼茨公式，也是微积分基本公式，它将定积分计算问题转为求被积函数的原函数问题，从而为定积分的计算提供了一种既简便又有效的方法.

例 5-3 计算 $\int_0^1 3x^2\,dx$.

【解】 由于 x^3 是 $3x^2$ 的一个原函数，故

$$\int_0^1 3x^2\,dx=x^3\Big|_0^1=1^3-0^3=1.$$

例 5-4 计算 $\int_0^1 (2^x+4e^x)\,dx$.

【解】 由于 $\int(2^x+4e^x)\,dx=\int 2^x dx+\int 4e^x dx=\frac{2^x}{\ln 2}+4e^x+C$，故

$$\int_0^1 (2^x+4e^x)\,dx=\left(\frac{2^x}{\ln 2}+4e^x+C\right)\Big|_0^1=\frac{1}{\ln 2}+4(e-1).$$

例 5-5 计算 $\int_0^3 |2-x|\,dx$.

【解】 $|2-x|=\begin{cases}2-x,\ 0\leqslant x\leqslant 2\\ x-2,\ 2<x\leqslant 3\end{cases}$

利用定积分的可加性，得

$$\int_0^3|2-x|\,dx=\int_0^2(2-x)\,dx+\int_2^3(x-2)\,dx$$

$$=\left(2x-\frac{x^2}{2}\right)\Big|_1^2-\left(\frac{x^2}{2}-2x\right)\Big|_2^3=0.$$

例 5-6 计算 $\int_1^2 \frac{1}{x}\,dx$.

【解】 $\int_1^2\frac{1}{x}\,dx=\ln|x|\Big|_1^2=\ln 2-\ln 1=\ln 2.$

习题 5.2

1. 求下列函数的导数.

(1) $\Phi(x)=\int_1^x\sqrt{1+t^2}\,dt$，求 $\Phi'(x)$；

(2) $\Phi(x)=\int_{\sqrt{x}}^2\cos t^3\,dt$，求 $\Phi'(x)$.

2. 求下列定积分．

(1) $\int_1^2 x^4 \mathrm{d}x$；

(2) $\int_1^2 (3x^2-x+1)\mathrm{d}x$；

(3) $\int_1^3 \left(x^2+\frac{1}{\sqrt{x}}\right)\mathrm{d}x$；

(4) $\int_{-\frac{\sqrt{3}}{2}}^{\frac{\sqrt{3}}{2}} \frac{\mathrm{d}x}{\sqrt{1-x^2}}$；

(5) $\int_0^{2\pi} |\sin x|\mathrm{d}x$；

(6) $\int_0^{\frac{\pi}{2}} \frac{\cos 2x}{\cos x+\sin x}\mathrm{d}x$；

(7) $\int_{-1}^2 \sqrt[3]{x^2}\mathrm{d}x$；

(8) $\int_{-e-2}^{-3} \frac{\mathrm{d}x}{2+x}$；

(9) $\int_{-1}^1 \mathrm{e}^{|x|}\mathrm{d}x$；

(10) $\int_0^1 \sqrt[3]{x}(1+\sqrt{x})\mathrm{d}x$.

5.3　定积分的换元法与分部积分法

利用牛顿-莱布尼茨公式，可以将定积分的计算问题转为找到原函数的问题，求解原函数即为求解不定积分，因此定积分与不定积分的积分方法相对应，也有换元积分法与分部积分法．

5.3.1　定积分的换元积分法

定理 3 假设函数 $f(x)$ 在区间 $[a, b]$ 上连续，令 $x=g(t)$，若：

(1) $x=g(t)$ 在区间 $[\alpha, \beta]$ 上是单值且有连续导数的；

(2) 当 t 在区间 $[\alpha, \beta]$ 上变化时，$x=g(t)$ 的值在 $[a, b]$ 上变化，且 $g(\alpha)=a$，$g(\beta)=b$，则有

$$\int_a^b f(x)\mathrm{d}x=\int_\alpha^\beta f[g(t)]g'(t)\mathrm{d}t.$$

注：直接计算积分 $\int_a^b f(x)\mathrm{d}x$ 比较困难时，可以通过 $x=g(t)$ 换元后得到 t 的积分便于计算，即“换元同时换限，求出原函数后，直接代新积分限”．

例 5-7 计算 $\int_0^{\frac{\pi}{2}} \cos^5 x\sin x\mathrm{d}x$.

【解】 设 $t=\cos x$，则 $\mathrm{d}t=-\sin x\mathrm{d}x$，且当 $x=0$ 时，$t=1$；当 $x=\frac{\pi}{2}$ 时，$t=0$. 则

$$\int_0^{\frac{\pi}{2}} \cos^5 x\sin x\mathrm{d}x=-\int_1^0 t^5\mathrm{d}t=\int_0^1 t^5\mathrm{d}t=\frac{t^6}{6}\Big|_0^1=\frac{1}{6}.$$

例 5-8 设$f(x)$是对称区间$[-a, a]$上的连续函数，证明：

(1) $\int_{-a}^{a} f(x)\mathrm{d}x = \int_{0}^{a}[f(x)+f(-x)]\mathrm{d}x$；

(2)若$f(x)$为偶函数，则$\int_{-a}^{a} f(x)\mathrm{d}x = 2\int_{0}^{a} f(x)\mathrm{d}x$；

(3)若$f(x)$为奇函数，则$\int_{-a}^{a} f(x)\mathrm{d}x=0$.

证：　(1)根据定积分性质，得$\int_{-a}^{a} f(x)\mathrm{d}x = \int_{-a}^{0} f(x)\mathrm{d}x + \int_{0}^{a} f(x)\mathrm{d}x$.

设令$x=-t$，则$\mathrm{d}x=-\mathrm{d}t$时，当$x=-a$时，$t=a$；当$x=0$时，$t=0$. 则

$$\int_{-a}^{0} f(x)\mathrm{d}x = -\int_{a}^{0} f(-t)\mathrm{d}t = \int_{0}^{a} f(-t)\mathrm{d}t = \int_{0}^{a} f(-x)\mathrm{d}x,$$

故

$$\int_{-a}^{a} f(x)\mathrm{d}x = \int_{0}^{a} f(-x)\mathrm{d}x + \int_{0}^{a} f(x)\mathrm{d}x = \int_{0}^{a}[f(x)+f(-x)]\mathrm{d}x;$$

(2)因为函数$f(x)$为偶函数，即

$$f(-x)=f(x),$$

得

$$\int_{-a}^{a} f(x)\mathrm{d}x = \int_{0}^{a}[f(x)+f(-x)]\mathrm{d}x = \int_{0}^{a}[f(x)+f(x)]\mathrm{d}x = 2\int_{0}^{a} f(x)\mathrm{d}x;$$

(3)因为函数$f(x)$为奇函数，即$f(-x)=-f(x)$，

得

$$\int_{-a}^{a} f(x)\mathrm{d}x = \int_{0}^{a}[f(x)+f(-x)]\mathrm{d}x = \int_{0}^{a}[f(x)-f(x)]\mathrm{d}x = 0.$$

利用本例得结论，可以简化计算奇函数与偶函数在对称于原点的区间上的定积分.

例 5-9 计算$\int_{0}^{a}\sqrt{(a^2-x^2)}\,\mathrm{d}x\,(a>0)$.

【解】　设$x=a\sin t$，则$\mathrm{d}x=a\cos t\mathrm{d}t$. 当$x=0$时，$t=0$；当$x=a$时，$t=\frac{\pi}{2}$. 则

$$\begin{aligned}\int_{0}^{a}\sqrt{(a^2-x^2)}\,\mathrm{d}x &= a^2\int_{0}^{\frac{\pi}{2}}\cos^2 t\mathrm{d}t\\ &=\frac{a^2}{2}\int_{0}^{\frac{\pi}{2}}(1+\cos 2t)\mathrm{d}t\\ &=\frac{a^2}{2}\left[t+\frac{1}{2}\sin 2t\right]\Big|_{0}^{\frac{\pi}{2}}=\frac{\pi a^2}{4}.\end{aligned}$$

5.3.2　定积分的分部积分法

设函数$u=u(x)$，$v=v(x)$，在区间$[a, b]$上具有连续导数$u'(x)$，$v'(x)$，则由两函数

乘积的求导法则，有$(uv)'=u'v+uv'$，通过移项得$uv'=(uv)'-u'v$，分别求此等式两侧在区间$[a,b]$上的定积分，得

$$\int_a^b uv'\mathrm{d}x = uv\Big|_a^b - \int_a^b u'v\mathrm{d}x,$$

上式为定积分的分部积分公式.

例 5-10 计算$\int_0^{\pi} x\sin x\mathrm{d}x$.

【解】 设$u=x$，$\mathrm{d}v=\sin x\mathrm{d}x$，则$\mathrm{d}u=\mathrm{d}x$，$v=-\cos x$.

$$\begin{aligned}\int_0^{\pi} x\sin x\mathrm{d}x &= [-x\cos x]\Big|_0^{\pi} - \int_0^{\pi}\cos x\mathrm{d}x \\ &= \pi+\sin x\Big|_0^{\pi} = \pi.\end{aligned}$$

例 5-11 计算$\int_0^{e-1}\ln(1+x)\mathrm{d}x$.

【解】
$$\begin{aligned}\int_0^{e-1}\ln(1+x)\mathrm{d}x &= x\ln(1+x)\Big|_0^{e-1} - \int_0^{e-1} x\mathrm{d}[\ln(1+x)] \\ &= (e-1)\ln e - \int_0^{e-1} x\frac{1}{1+x}\mathrm{d}x \\ &= e-1-\int_0^{e-1}\left(1-\frac{1}{1+x}\right)\mathrm{d}x \\ &= e-1-[x-\ln(1+x)]\Big|_0^{e-1} \\ &= e-1-(e-1-1)=1.\end{aligned}$$

例 5-12 计算$\int_0^1 e^{\sqrt{x}}\mathrm{d}x$.

【解】 令$\sqrt{x}=t$，则$x=t^2$，$\mathrm{d}x=2t\mathrm{d}t$. 且当$x=0$时，$t=0$；当$x=1$时，$t=1$. 则

$$\begin{aligned}\int_0^1 e^{\sqrt{x}}\mathrm{d}x &= 2\int_0^1 te^t\mathrm{d}t = 2\int_0^1 t\mathrm{d}(e^t) \\ &= 2[te^t]\Big|_0^1 - 2\int_0^1 e^t\mathrm{d}t \\ &= 2e - 2[e^t]\Big|_0^1 \\ &= 2.\end{aligned}$$

习题 5.3

1. 利用函数的奇偶性求下列积分.

(1) $\int_{-\frac{\pi}{2}}^{\frac{\pi}{2}} x^4\sin x\mathrm{d}x$；　　(2) $\int_{-\pi}^{\pi} 4\cos^2 x\mathrm{d}x$；

(3) $\int_{-\frac{1}{2}}^{\frac{1}{2}}\frac{(\arcsin x)^2}{\sqrt{1-x^2}}dx$;　　(4) $\int_{-\frac{1}{2}}^{\frac{1}{2}}\frac{x^3\sin^2x}{x^4+2x^2+1}dx$.

2. 求下列定积分．

(1) $\int_1^2\frac{1}{(3+2x)^3}dx$;　　(2) $\int_0^{\frac{\pi}{2}}\sin x\cos 3x dx$;

(3) $\int_1^4\frac{dx}{x^2-2x-3}$;　　(4) $\int_{-\frac{\sqrt{3}}{2}}^{\frac{\sqrt{3}}{2}}\frac{dx}{\sqrt{1-x^2}}$;

(5) $\int_0^{\pi}(1-\sin^3x)dx$;　　(6) $\int_0^{\sqrt{2}}\sqrt{2-x^2}dx$;

(7) $\int_1^8\frac{1}{1+\sqrt[3]{x}}dx$;　　(8) $\int_1^{e^2}\frac{dx}{x\sqrt{1+\ln x}}$;

(9) $\int_{-\frac{\pi}{2}}^{\frac{\pi}{2}}\sqrt{\cos x-\cos^3x}dx$;　　(10) $\int_0^{\pi}\sqrt{1+\cos 2x}dx$.

3. 求下列定积分．

(1) $\int_0^1 xe^x dx$;　　(2) $\int_0^{\frac{\pi}{2}}x^2\cos x dx$;

(3) $\int_1^e x\ln x dx$;　　(4) $\int_{\frac{1}{e}}^{e}|\ln x|dx$;

(5) $\int_0^{\frac{\pi}{2}}e^{-x}\sin x dx$;　　(6) $\int_0^{\frac{\sqrt{2}}{2}}\arcsin x dx$.

5.4 定积分的元素法

定积分理论是现实问题抽象出来的一个数学概念，常用来求解和分析一些几何、物理的问题．本节介绍运用元素法将一个量表达成为定积分的分析方法，用于计算平面图形的面积、旋转体的体积等．

5.4.1 定积分的元素法

如果一个实际问题的所求量 U 符合以下条件：

(1) U 是一个与变量 x 的变化区间 $[a, b]$ 有关的量．

(2) U 对于区间 $[a, b]$ 具有可加性，也就是说，如果把区间 $[a, b]$ 分为许多个小区间，则 U 相应的分为许多部分量 ΔU_i，则 U 等于所有部分量之和．

(3) 部分量 ΔU_i 的近似值可表示为 $f(\xi_i)\Delta x_i$；那么就可以考虑用定积分来表达这个量

U，通常写出这个量 U 的步骤是：

①根据所求问题的具体情况，选择一个变量设为积分变量 x. 并确定它的变化区间$[a, b]$；

②设想将区间$[a, b]$分为 n 个子区间$[x_{i-1}, x_i]$$(x=1, 2, 3, \cdots, n)$，其中 $x_0=a$，$x_n=b$，$x_i-x_{i-1}=\mathrm{d}x$，求出相应于这一子区间的部分量 ΔU 的近似值．如果 ΔU 能近似地表示为$[a, b]$上的一个连续函数在 x 处的值 $f(x)$ 与 $\mathrm{d}x$ 的乘积，就把 $f(x)\mathrm{d}x$ 称为所求量 U 的元素且记作 $\mathrm{d}U$，即 $\Delta U\approx \mathrm{d}U=f(x)\mathrm{d}x$；

③以所求量 U 的元素 $f(x)\mathrm{d}x$ 为被积表达式，在区间$[a, b]$上作定积分，则

$$U=\int_a^b f(x)\mathrm{d}x.$$

这就是所求量 U 的积分表达式．

这个方法就是元素法，也可叫作微元法，我们可以用这个方法求解一些实际几何、物理问题．

5.4.2 平面图形的面积

设平面图形由连续曲线 $y=f(x)$、$y=g(x)$ 及直线 $x=a$、$x=b$ 所围成，并且在区间$[a, b]$上 $f(x)\geqslant g(x)$，如图 5-7 所示，则围成的平面图形的元素为：

$$\mathrm{d}S=[f(x)-g(x)]\mathrm{d}x,$$

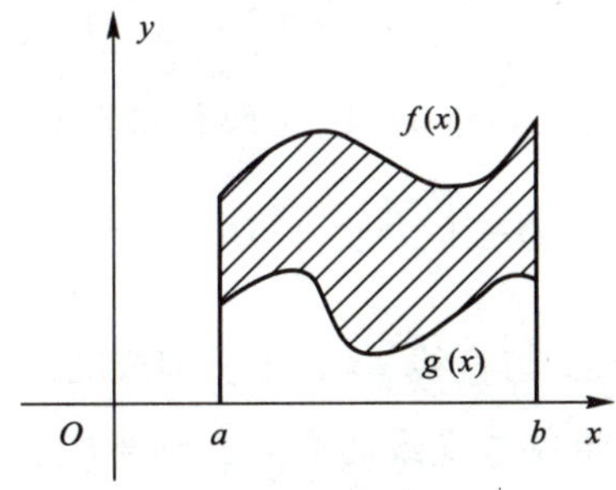

图 5-7 图形的面积

那么这块图形的面积为：

$$S=\int_a^b [f(x)-g(x)]\mathrm{d}x.$$

实际上，在区间$[a, b]$上不一定恒有 $f(x)\geqslant g(x)$，则所围平面图形的面积的元素可以表达为：

$$\mathrm{d}S=|f(x)-g(x)|\mathrm{d}x,$$

则这块图形的面积为：

$$S=\int_a^b |f(x)-g(x)|\mathrm{d}x.$$

实际还有另一种情况：平面图形由连续曲线 $x=\varphi(y)$，$x=\psi(y)$ 及直线 $y=c$，$y=d$ 所围成，则围成的平面图形的元素为：

$$dS=|\varphi(y)-\psi(y)|dy,$$

那么这块图形的面积为：

$$S=\int_c^d |\varphi(y)-\psi(y)|dy.$$

例 5-13 计算由两条抛物线 $y=x^2$ 和 $x=y^2$ 所围成的图形的面积.

【解】 画图 5-8，求出交点(0，0)和(1，1).

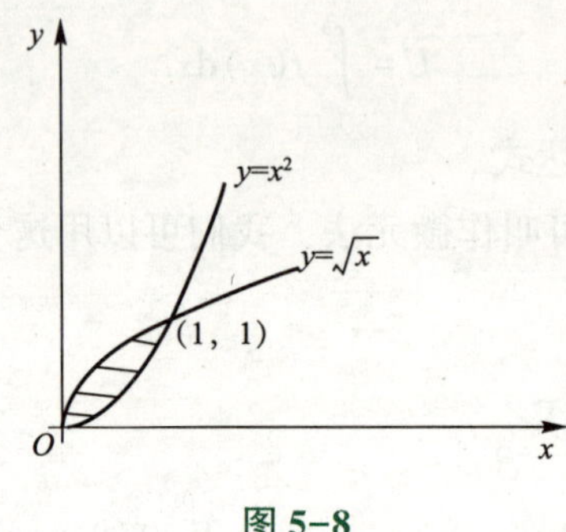

图 5-8

方法一：选取 x 为积分变量，$x\in(0, 1]$，面积元素 $dS=(\sqrt{x}-x^2)dx$，则面积为

$$S=\int_0^1 (\sqrt{x}-x^2)dx=\left(\frac{2}{3}x^{\frac{3}{2}}-\frac{1}{3}x^3\right)\Big|_0^1=\frac{1}{3}.$$

方法二：选取 y 为积分变量，$y\in(0, 1]$，面积元素 $dS=(\sqrt{y}-y^2)dy$，则面积为

$$S=\int_0^1 (\sqrt{y}-y^2)dy=\frac{1}{3}.$$

例 5-14 计算抛物线 $y^2=2x$ 与直线 $y=x-4$ 所围成的图形的面积.

【解】 画图 5-9，确定抛物线与直线的交点坐标为(2，−2)和(8，4).

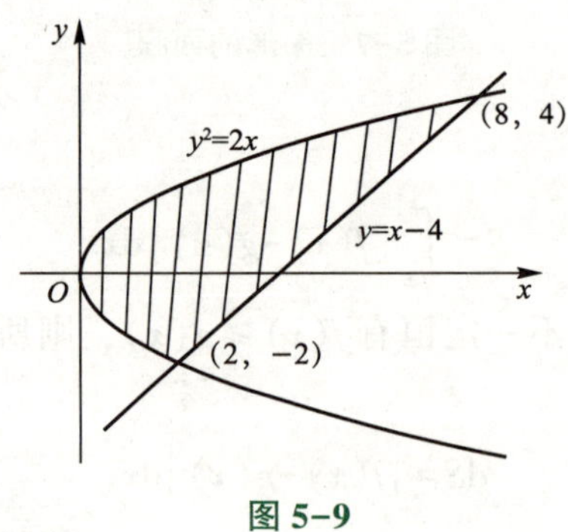

图 5-9

方法一：选取 x 为积分变量，$x\in[0, 8]$，面积为

$$S=\int_0^2[\sqrt{2x}-(-\sqrt{2x})]\mathrm{d}x+\int_2^8[\sqrt{2x}-(x-4)]\mathrm{d}x,$$

$$=2\sqrt{2}\cdot\frac{2}{3}x^{\frac{3}{2}}\Big|_0^2+\left(\sqrt{2}\cdot\frac{2}{3}x^{\frac{3}{2}}-\frac{1}{2}x^2+4x\right)\Big|_2^8$$

$$=18.$$

方法二：选取 y 为积分变量，$x\in[-2,4]$，面积为

$$S=\int_{-2}^4\left(y+4-\frac{y^2}{2}\right)\mathrm{d}y$$

$$=\left(\frac{1}{2}y^2+4y-\frac{1}{6}y^3\right)\Big|_{-2}^4$$

$$=18.$$

例 5-15 计算椭圆$\frac{x^2}{a^2}+\frac{y^2}{b^2}=1$ 的面积．

【解】 如图 5-10 所示，因为图形关于 x 轴和 y 轴对称，则椭圆面积是其第一象限部分面积的 4 倍．

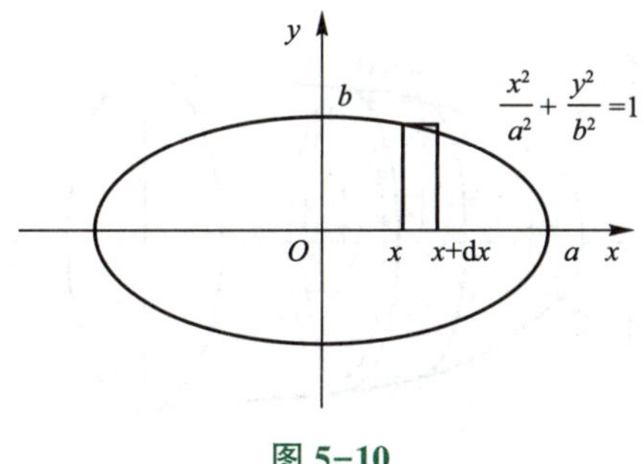

图 5-10

椭圆面积 $S=4\int_0^a b\sqrt{1-\frac{x^2}{a^2}}\mathrm{d}x=\frac{4b}{a}\int_0^a\sqrt{a^2-x^2}\mathrm{d}x$，设 $x=a\sin t$，则 $\mathrm{d}x=a\cos t\mathrm{d}t$. 当 $x=0$ 时，$t=0$；当 $x=a$ 时，$t=\frac{\pi}{2}$，则

$$S=\frac{4b}{a}\int_0^a\sqrt{a^2-x^2}\mathrm{d}x=4ab\int_0^{\frac{\pi}{2}}\cos^2t\mathrm{d}t$$

$$=2ab\int_0^{\frac{\pi}{2}}(1+\cos2t)\mathrm{d}t$$

$$=2ab\left[t+\frac{1}{2}\sin2t\right]\Big|_0^{\frac{\pi}{2}}$$

$$=\pi ab.$$

5.4.3 旋转体的体积

旋转体是指由一个平面图形围绕这一平面内的一条直线旋转一周形成的立体几何，这条直线称为旋转轴，圆柱体、圆锥体、圆台体、球体可以看作是由矩形绕它的一条边、直角三角形绕它的一条直角边、直角梯形绕它的直角腰、半圆绕它的直径旋转一周形成的旋转体．

设有一旋转体是由连续曲线 $y=f(x)$ 及直线 $x=a$、$x=b$ 所围成曲边梯形绕 x 轴旋转一周所形成的立体，现在用定积分求解它的体积．

取横坐标 x 作为积分变量，取任意一子区间 $[x,\ x+\mathrm{d}x]$ 上的曲边梯形绕 x 轴旋转一周而形成的薄片的体积近似于以 $|f(x)|$ 为底半径、$\mathrm{d}x$ 为高的扁圆柱体的体积(图 5-11)，即体积微元：

$$\mathrm{d}V=\pi[f(x)]^2\mathrm{d}x,$$

于是其旋转体的体积为：

$$V=\int_a^b \pi[f(x)]^2\mathrm{d}x.$$

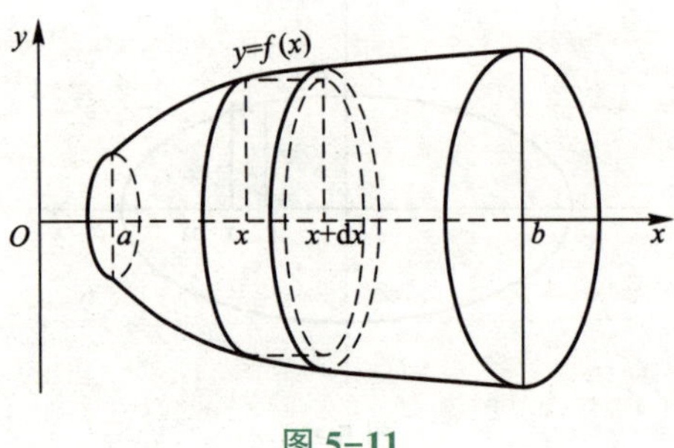

图 5-11

用上面的方法可以推出：由连续曲线 $x=\varphi(y)$ 及直线 $y=c$、$y=d$ 所围成曲边梯形绕 y 旋转一周而形成的旋转体(图 5-12)的体积为：

$$V=\int_c^d \pi[\varphi(y)]^2\mathrm{d}y.$$

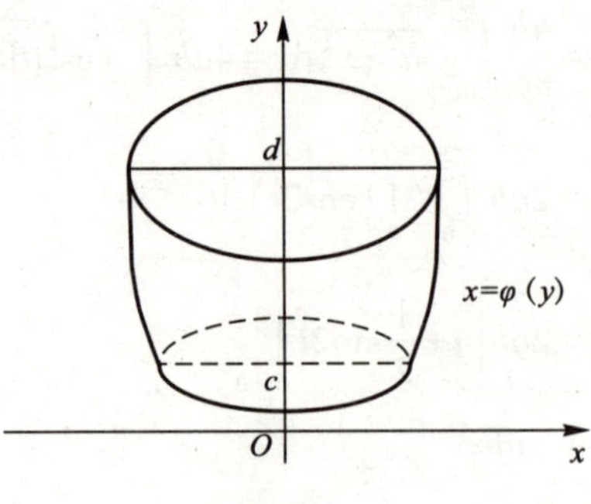

图 5-12

例 5-16 计算由椭圆$\frac{x^2}{a^2}+\frac{y^2}{b^2}=1$分别绕 x 轴和 y 轴一周形成的旋转体的体积．

【解】 绕 x 轴旋转时，利用立体的对称性(图 5-13)可得：

$$V=2\int_0^a \pi y^2\mathrm{d}x=2\pi\int_0^a b^2\left(1-\frac{x^2}{a^2}\right)\mathrm{d}x=\frac{4}{3}\pi ab^2;$$

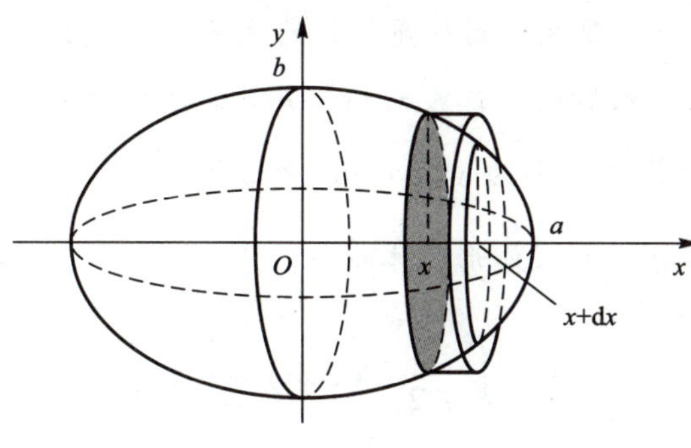

图 5-13

绕 y 轴旋转时，利用立体的对称性，可得：

$$V=2\int_0^b \pi x^2\mathrm{d}y=2\pi\int_0^b a^2\left(1-\frac{y^2}{b^2}\right)\mathrm{d}y=\frac{4}{3}\pi a^2 b.$$

特别是当 $a=b$ 时，可得球体的体积为 $V=\frac{4}{3}\pi a^3$.

5.4.4 已知平行截面的立体的体积

如果立体不是旋转体，但已知该立体上垂直于一定轴的各个截面的面积，则该立体的体积也可以用定积分进行计算．

设上述定轴为 x 轴，并且在立体在过 $x=a$、$x=b$ 且垂直于 x 轴的两个平面之间，以 $S(x)$表示过点 x 且垂直于 x 轴的截面的面积，假设 $S(x)$为已知的连续函数，则立体中任意一个子区间$[x,\ x+\mathrm{d}x]$的一薄片的体积近似于底面积为 $S(x)$、高为 $\mathrm{d}x$ 的扁平圆柱体的体积(图 5-14)，则体积元素为：

$$\mathrm{d}V=S(x)\mathrm{d}x.$$

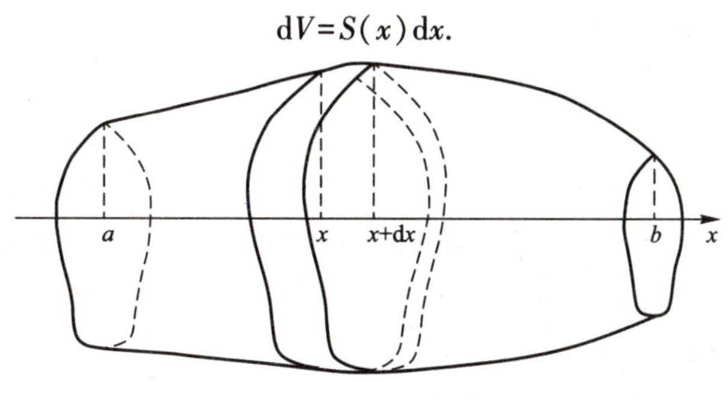

图 5-14　薄片体积

则立体的体积为：

$$V=\int_a^b S(x)\,\mathrm{d}x.$$

例 5-17 一平面经过半径为 R 的圆柱体的底面直径 AB，并与底面的夹角为 α，求此平面截面与圆柱体所得的楔形的体积．

【解】 如图 5-15 所示，取这平面与圆柱体的底面的交线为 x 轴，底面上过圆心、且垂直于 x 轴的直线为 y 轴，则底圆方程为 $x^2+y^2=R^2$. 立体中垂直于 x 轴的截面均为直角三角形，它的两条直角边的长度分别为 y，$y\tan\alpha$. 即 $\sqrt{R^2-x^2}$ 与 $\sqrt{R^2-x^2}\tan\alpha$，则截面三角形的面积为 $S=\dfrac{1}{2}(R^2-x^2)\tan\alpha$，所求楔形的体积为：

$$\begin{aligned}V&=\int_{-R}^{R}\frac{1}{2}(R^2-x^2)\tan\alpha\,\mathrm{d}x\\&=\frac{\tan\alpha}{2}\left(R^2x-\frac{1}{3}x^3\right)\Bigg|_{-R}^{R}\\&=\frac{2}{3}R^3\tan\alpha.\end{aligned}$$

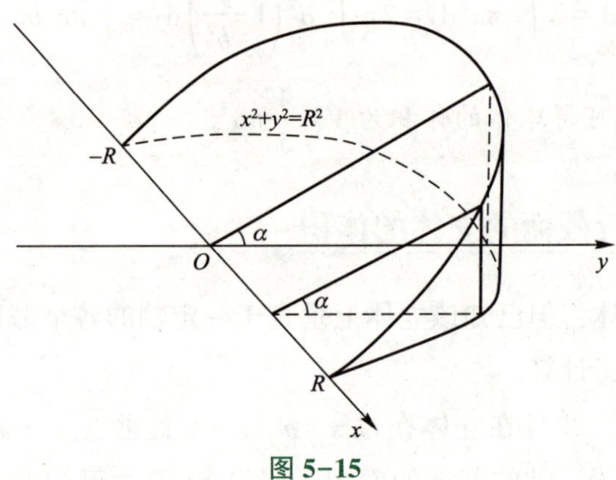

图 5-15

习题 5.4

1. 计算下列各曲线所围成的图形的面积．

(1) $y=\dfrac{1}{x}$ 与直线 $y=x$ 及 $x=2$；

(2) $y=\mathrm{e}^x$，$y=\mathrm{e}^{-x}$ 与直线 $x=1$；

(3) $y=\ln x$，y 轴与直线 $y=\ln a$，$y=\ln b(b>a>0)$；

(4) $y=x^2$ 与直线 $y=x$，$y=2x$.

2. 计算下列各立体的体积．

(1) 曲线 $y=x^2$ 及 $x=y^2$ 所围成的平面图形绕 y 轴旋转而形成的立体；

(2) 曲线 $y=\sin x$ 及 x 轴所围成的平面图形分别绕 x 轴与 y 轴旋转一周所形成的立体；

(3) 以圆 $x^2+y^2=4$ 为底部，而垂直于 x 轴的所有截面均为等边三角形的立体；

(4) 以抛物线 $y=4-x^2$ 与 $y=0$ 围成的图形作底部，而垂直于 y 轴的所有截面都是高为 2 的矩形的立体．

5.5　定积分的应用

定积分不仅仅是在几何、立体中应用，在经济学、物理学等领域同样有着广泛的应用．本节列举一些常见的应用实例，运用元素法建立积分表达式，从而解决实际问题．

定积分在经济问题中常常应用于已知某个量的变化率来求总体量，例如：

(1) 已知产量 $x(t)$ 对时间 t 的变化率为 $x'(t)$，则在时间段 $[t_1, t_2]$ 内总产量函数为 $x(t)=\int_{t_1}^{t_2}x'(t)\mathrm{d}t$；

(2) 已知边际成本函数 $C'=C'(x)$，则当产量为 x 时的总成本函数 $C(x)$ 为 $C(x)=\int_0^x C'(t)\mathrm{d}t+C_0$（$C_0$ 为固定成本）；

(3) 已知边际收益 $R'=R'(q)$，则总收益函数为 $R(q)=\int_0^q R'(x)\mathrm{d}x$；

(4) 已知边际利润等于边际收益减去边际成本，即 $L'(x)=R'(x)-C'(x)$，所以当产量为 x 时的总利润函数为 $L(x)=\int_0^x L'(t)\mathrm{d}t-C_0=\int_0^x[R'(t)-C'(t)]\mathrm{d}t-C_0$．

例 5-18　某企业销售的某商品的边际成本与产量 Q 的关系为 $C'(Q)=3\mathrm{e}^{0.1Q}$，固定成本为 $C_0=80$，求总成本函数 $C(Q)$．

【解】　总成本函数为

$$C(Q)=\int_0^Q C'(Q)\mathrm{d}Q=3\int_0^Q \mathrm{e}^{0.1Q}\mathrm{d}Q,$$

$$C(Q)-C(0)=30\mathrm{e}^{0.1Q}\Big|_0^Q=30(\mathrm{e}^{0.1Q}-1),$$

固定成本为 $C_0=80$，则总成本函数 $C(Q)=30\mathrm{e}^{0.1Q}+80$．

例 5-19　某产品的产量为 x 时总成本函数 $C(x)$ 的边际成本为 $C'(x)=0.5x+1$（万元/百台），总收益函数 $R(x)$ 的边际收益 $R'(x)=7-0.5x$（万元/百台），固定成本为 2 万元，假设该产品的销量等于产量，求总利润函数 $L(x)$ 及最大总利润 L？当利润最大时再生产 1 百台，总利润变化了多少？

【解】 (1)总利润函数为

$$L(x)=\int_0^x[R'(t)-C'(t)]\mathrm{d}t-C_0=\int_0^x(6-t)\mathrm{d}t-2=6x-\frac{1}{2}x^2-2.$$

令 $L'(x)=0$，$L'(x)=6-x=0$ 得到唯一驻点 $x=6$. 又 $L''(x)=-1<0$，所以驻点 $x=6$ 为利润函数 $L(x)=6x-\frac{1}{2}x^2-2$ 的极大值点，由于再实际问题中最大利润是存在的，因此当产量为6(百台)时总利润最大，最大总利润 $L(6)=16$.

(2)当产量为6百台时总利润最大，这时增加1百台总利润的改变量为：

$$\Delta L=\int_6^7[R'(t)-C'(t)]\mathrm{d}t=\int_6^7(6-t)\mathrm{d}t=-0.5\text{ 万元},$$

即当利润最大时，产量再增加1百台总利润不但不增加，反而还减少了0.5万元.

习题 5.5

1. 已知某产品生产 x 个单位时，边际收益为 $R'(x)=100-\frac{x}{25}\left(\frac{\text{元}}{\text{单位}}\right)(x\geqslant 0)$，求生产100个单位时的总收益，如果在此基础上再生产100个单位时收益又是多少？

2. 某产品的边际成本为 $C'=Q$，边际收益为生产量 Q 的函数：$R'(Q)=10-Q$.

(1)求生产量等于多少时，总利润 $L=R-C$ 最大？设利润成本收益的单位为万元.

(2)达到利润最大的生产量后又生产了2个单位，总利润减少多少？

复习题 5

1. 利用定积分的几何意义计算下列定积分的值.

(1) $\int_0^3(x+1)\mathrm{d}x$； (2) $\int_{-\pi}^{\pi}\sin x\mathrm{d}x$；

(3) $\int_{-2}^{2}\sqrt{4-x^2}\mathrm{d}x$； (4) $\int_{-1}^{1}\frac{x^3}{\sin^2x+1}\mathrm{d}x$.

2. 不计算积分的值，比较下列各组积分的大小.

(1) $\int_0^{\frac{\pi}{2}}x\mathrm{d}x$ 与 $\int_0^{\frac{\pi}{2}}\sin x\mathrm{d}x$； (2) $\int_3^4\ln x\mathrm{d}x$ 与 $\int_3^4(\ln x)^2\mathrm{d}x$；

(3) $\int_0^1\mathrm{e}^{-x}\mathrm{d}x$ 与 $\int_0^1\mathrm{e}^{-x^2}\mathrm{d}x$； (4) $\int_0^1x\mathrm{d}x$ 与 $\int_0^1\ln(1+x)\mathrm{d}x$.

3. 求下列导数.

(1) $\frac{\mathrm{d}}{\mathrm{d}x}\int_{a}^{b}\sin^{2}x\mathrm{d}x$;　　(2) $\frac{\mathrm{d}}{\mathrm{d}x}\int_{ax}^{bx}\frac{\sin t}{t}\mathrm{d}t$;

(3) $\frac{\mathrm{d}}{\mathrm{d}x}\int_{0}^{e^{x}}\frac{\ln(1+t)}{t}\mathrm{d}t$;　　(4) $\frac{\mathrm{d}}{\mathrm{d}x}\int_{\sin x}^{\cos x}\cos(\pi t^{2})\mathrm{d}t$.

4. 计算下列极限.

(1) $\lim\limits_{x\to 0}\frac{\int_{0}^{x}(1+\cos t)\mathrm{d}t}{x}$;　　(2) $\lim\limits_{x\to 0}\frac{\int_{0}^{x}\sqrt{1+t^{2}}\mathrm{d}t}{x}$.

5. 计算下列定积分.

(1) $\int_{0}^{1}\frac{\sqrt{x}}{1+\sqrt{x}}\mathrm{d}x$;　　(2) $\int_{0}^{1}x^{2}\sqrt{1-x^{2}}\mathrm{d}x$;

(3) $\int_{0}^{\pi}\sin^{3}\frac{x}{2}\mathrm{d}x$;　　(4) $\int_{0}^{\frac{\pi}{2}}\sin^{4}x\cos^{4}x\mathrm{d}x$;

(5) $\int_{0}^{1}x^{2}\mathrm{e}^{-\frac{x^{3}}{3}}\mathrm{d}x$;　　(6) $\int_{1}^{\mathrm{e}}\frac{1+\ln x}{x}\mathrm{d}x$;

(7) $\int_{1}^{\frac{\pi^{2}}{4}}\frac{\sin\sqrt{x}}{\sqrt{x}}\mathrm{d}x$;　　(8) $\int_{-1}^{1}\frac{x\mathrm{d}x}{\sqrt{5-4x}}$;

(9) $\int_{-\frac{\pi}{2}}^{\frac{\pi}{2}}x^{2}\sin x\mathrm{d}x$;　　(10) $\int_{0}^{1}\frac{x}{\sqrt{1-x^{2}}}\mathrm{d}x$;

(11) $\int_{\frac{\pi}{4}}^{\frac{\pi}{3}}\frac{x}{\cos^{2}x}\mathrm{d}x$;　　(12) $\int_{0}^{2\pi}\mathrm{e}^{2x}\cos x\mathrm{d}x$.

6. 设$f(x)=\begin{cases}x^{2}, & x\leqslant 1,\\ x-1, & x>1.\end{cases}$求$\int_{0}^{2}f(x)\mathrm{d}x$.

7. 求函数$y=\int_{0}^{x}\frac{3t+1}{t^{2}-t+1}\mathrm{d}t$在$[0,1]$上的最大值与最小值.

8. 由直线$x=0$，$x=2$，$y=0$和抛物线$x=\sqrt{1-y}$所围成的平面图形为D.

(1)求D的面积；(2)求D绕x轴旋转所得旋转体的体积.

9. 平面图形在区间$\left[0,\frac{\pi}{2}\right]$上由曲线$y=\sin x$直线$x=\frac{\pi}{2}$和$y=0$所围成.

(1)求此图形的面积；

(2)求此图形绕x轴和y轴旋转所产生旋转体的体积.

10. 设某产品生产Q个单位，总收益R的变化率为$f(Q)=20-Q/10(Q\geqslant 0)$.

(1)求生产40个单位产品时的总收益；

(2)求从生产40个单位产品到60个单位产品时的总收益.

11. 某产品的总成本 $C(x)$（万元）的变化率（边际成本）$C'=1$，总收益 $R(x)$（万元）的变化率（边际收益）为生产量 x（百台）的函数，$R'(x)=5-x$.

(1) 求生产量等于多少时，总利润 $L=R-C$ 为最大？

(2) 达到利润最大的生产量后又生产了 100 台，总利润减少了多少？

学海乐园　定积分的起源和应用

定积分的起源和背景可以追溯到古希腊时期和近代微积分的早期发展. 古希腊数学家阿基米德在公元前 240 年左右，使用分割与逼近的思想方法计算了抛物线弓形和其他不规则图形的面积，可以视为定积分的萌芽. 近代微积分的发展则与积分学核心思想的产生密切相关. 17 世纪，开普勒、伽利略、笛卡尔、费马、卡瓦列里等众多学者都对定积分的产生作出过重要贡献. 在 17 世纪，微积分基本定理被发现，这标志着微积分作为一个独立的数学分支正式形成. 牛顿和莱布尼茨各自独立地发明了微积分，并使其在近代数学和物理学中得到了广泛的应用. 定积分作为微积分的一个分支，也随之得以确立.

定积分是微积分的一个重要概念，它在生活中的应用非常广泛. 求解面积和体积：定积分可以用来计算平面图形的面积和立体图形的体积，如我们可以使用定积分来计算一个圆的面积、一个球体的体积等. 求解物理问题：在物理学中，定积分被用来描述物体的运动轨迹、速度、加速度等，如我们可以使用定积分来计算一个自由落体物体的高度、一个弹簧振子的位移等. 求解经济问题：在经济学中，定积分被用来描述边际效应、总收益、总成本等，如我们可以使用定积分来计算一个产品的边际收益、一个企业的总收益等. 求解统计学问题：在统计学中，定积分被用来描述概率分布、期望值、方差等，如我们可以使用定积分来计算一个随机变量的期望值、一个正态分布的方差等. 求解工程问题：在工程学中，定积分被用来描述流量、压力、温度等，如我们可以使用定积分来计算一个管道的流量、一个热传导方程的温度分布等. 在生活和工作中，定积分可以通过数学模型来描述各种现象，从而帮助我们分析和解决问题.

第五章　定积分及其应用练习题

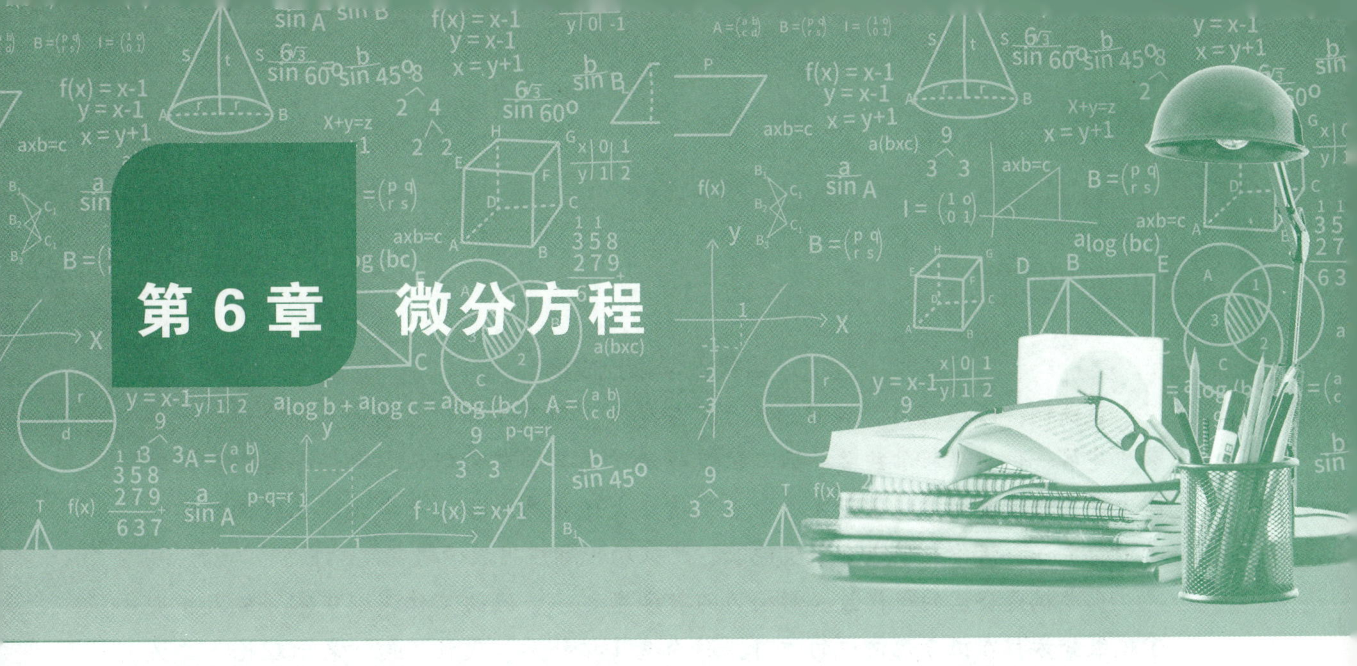

第6章 微分方程

函数可以描述客观事物在数量方面的关系，利用函数关系可以对客观事物的规律性进行研究．在自然科学、工程技术和经济管理中，常常要从实际问题或事物的发展过程中研究变量之间的函数关系．在许多问题中，往往不能直接找出所需要的函数关系，但是根据问题提供的情况进行适当处理后，有时可以列出含有要找的函数及其导数的关系．这样的关系式就是微分方程．本章将介绍微分方程中一些基本概念和几种常用的微分方程的解法．

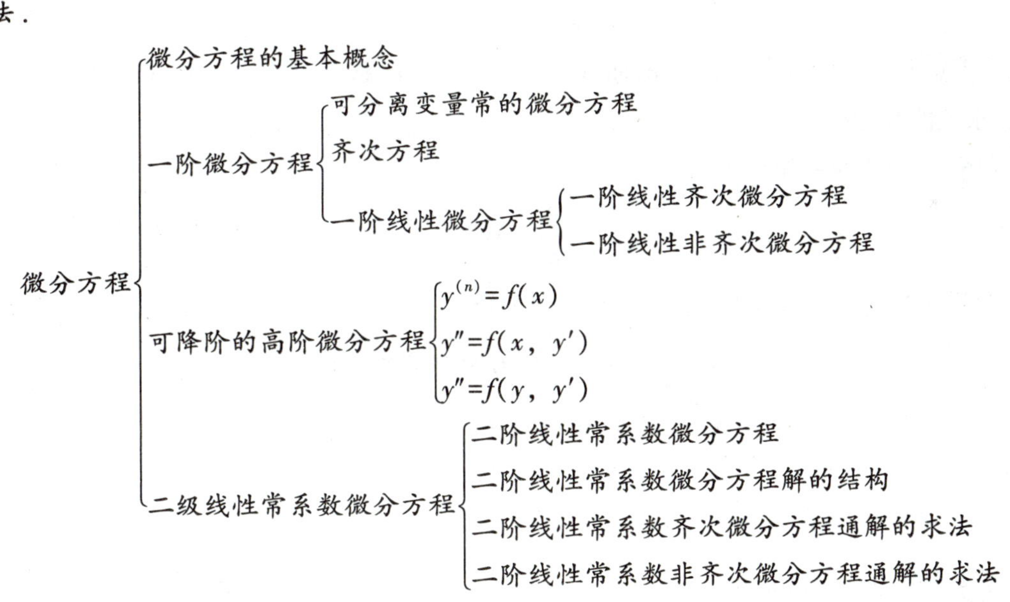

当代数学家丘成桐

丘成桐，1949 年 4 月 4 日出生于广东汕头，毕业于加州大学伯克利分校，数学家，是第一位获得菲尔兹奖、第二位获得沃尔夫数学奖的华人，现任香港中文大学博文讲座教授兼数学科学研究所所长、清华大学讲席教授、清华大学丘成桐数学科学中心主任、清华大学求真书院院长、北京雁栖湖应用数学研究院院长.

丘成桐是公认的当代最具影响力的数学家之一.他的工作深刻变革并极大扩展了偏微分方程在微分几何中的作用，影响遍及拓扑学、代数几何、表示理论、广义相对论等众多数学和物理领域.

6.1 微分方程的基本概念

例 6-1 已知经过点(1，5)的曲线 $y=f(x)$，在任意一点 $M(x,y)$ 的切线的斜率是 $3x^2$，求该曲线方程.

【解】 由已知条件可知，

$$\frac{dy}{dx}=3x^2,$$

这是含有未知函数导数的方程，两边对 x 积分得

$$y=\int 3x^2dx=x^3+C(C\text{ 为任意的常数}),\tag{6-1}$$

函数还满足条件 $x=1$ 时，$y=5$，代入(6-1)式得

$$C=4,$$

因此所求方程为 $y=x^3+4$.

例 6-2 新能源电车在平直线路上以 18 m/s 的速度行驶，当制动时电车获得的加速度是−0.6 m/s². 问开始制动后多少时间电车能够停住？这段时间电车行驶了多少路程？

【解】 设电车制动 t 秒后行驶了 s 米，即

$$s=s(t).$$

根据题意得$\frac{d^2s}{dt^2}=-0.6.$

$$s'=v=\frac{ds}{dt}=-0.6t+C_1, \tag{6-2}$$

$$s=-0.3t^2+C_1t+C_2, \tag{6-3}$$

当 $t=0$ 时，$s=0$，$v=\frac{ds}{dt}=18\ m/s$.

代入(6-2)和(6-3)得

$$C_1=18,\ C_2=0,$$

即

$$v=-0.6t+18,$$
$$s=-0.3t^2+18t.$$

定义 1 一般来说，由自变量、未知函数和未知函数的导数或微分构成的方程称为微分方程．如果其中的未知函数只与一个变量有关，则称为常微分方程，否则称为偏微分方程．

定义 2 微分方程中所出现的未知函数的导数的最高阶数称为方程的阶．如例 6-1 中的方程$\frac{dy}{dx}=3x^2$ 为一阶微分方程，例 6-2 中$\frac{d^2s}{dt^2}=-0.6$ 为二阶微分方程．本章我们只讨论常微分方程．

一般地，n 阶微分方程的形式是 $F(x, y, y', y''\cdots y^{(n)})=0$．其中 $y^{(n)}$ 是必须出现的，而 x，y，y'，…，$y^{(n-1)}$ 等变量可以不出现．例如 n 阶微分方程 $y^{(n)}-1=0$.

定义 3 如果一个微分方程的解中含有任意独立的常数，且常数的个数与阶数相同，则这个解为微分方程的通解．在例 6-1 中 $y=x^3+C$ 是方程$\frac{dy}{dx}=3x^2$ 的通解．如果对方程附加条件，从而确定通解中的常数，所得的解称为特解，附加的条件是初始条件．

例 6-3 验证函数 $y=\frac{1}{2}x^3+x^2$ 是一阶微分方程 $2y'=3x^2+4x$ 的特解．

【解】 因为 $y=\frac{1}{2}x^3+x^2$，所以 $y'=\frac{3}{2}x^2+2x$，代入方程得 $2\left(\frac{3}{2}x^2+2x\right)=3x^2+4x$，因此 $y=\frac{1}{2}x^3+x^2$ 是一阶微分方程 $2y'=3x^2+4x$ 的特解．

习题 6.1

1. 回答下列各微分方程的阶数．

(1) $x^2y'+2y^2y''+1=0$；

(2) $x(y'')^2+y'-xy=10$；

(3) $xy'''+2(y'')^2-xy=0$；

(4) $L\frac{d^2Q}{dt^2}+R\frac{dQ}{dt}+\frac{Q}{C}=0$.

2. 验证下列各题中的函数是否为所给微分方程的解.

(1) $xy'=2y$，$y=5x^2$；

(2) $y''+y=0$，$y=\sin x$；

(3) $y''+4y=0$，$y=\cos 2x$；

(4) $y''-(\lambda_1+\lambda_2)y'+\lambda_1\lambda_2 y=0$，$y=C_1e^{\lambda_1 x}+C_2e^{\lambda_2 x}$.

6.2 一阶微分方程

本节将讨论一阶微分方程的一些解法．一阶微分方程的一般形式 $y'=f(x, y)$，有时也可写成微分形式 $P(x, y)dx+Q(x, y)dy=0$.

6.2.1 可分离变量的微分方程

可分离变量方程是一类最简单的一阶微分方程，它的形式是

$$y'=\frac{f(x)}{g(y)}.$$

也可以把它变成形式

$$g(y)dy=f(x)dx.$$

简而言之，能把微分方程写成一端只含 y 的函数和 dy，另一端只含 x 的函数和 dx. 若 $f(x)$ 和 $g(x)$ 都是连续函数，将 $g(y)dy=f(x)dx$ 两边积分得

$$\int g(y)dy=\int f(x)dx+C.$$

设 $G(y)$ 和 $F(x)$ 分别是 $g(y)$ 和 $f(x)$ 的原函数，于是有

$$G(y)=F(x)+C.$$

例 6-4 求解一阶微分方程 $y'=\frac{y}{x}$.

【解】 方程可变形为

$$\frac{dy}{dx}=\frac{y}{x},$$

方程变离分量为

$$\frac{dy}{y}=\frac{dx}{x},$$

两边积分

$$\int \frac{dy}{y} = \int \frac{dx}{x},$$

得通解为

$$\ln|y| = \ln|x| + C_1.$$

所以

$$y = Cx(C = \pm e^{C_1}).$$

例 6-5 求解一阶微分方程 $x(y^2+1)dx + y(x^2+1)dy = 0$.

【解】 方程可变形为

$$\frac{y}{y^2+1}dy = -\frac{x}{x^2+1}dx,$$

两边积分

$$\int \frac{y}{y^2+1}dy = \int -\frac{x}{x^2+1}dx,$$

得通解为

$$\frac{1}{2}\ln(y^2+1) = -\frac{1}{2}\ln(x^2+1) + C_1,$$

整理得

$$(x^2+1)(y^2+1) = C \quad (C = e^{2C_1}).$$

例 6-6 求解微分方程 $\frac{dy}{dx} = x(y^2+1)$ 满足 $y|_{x=0} = 1$.

【解】 方程分离变量为

$$\frac{1}{y^2+1}dy = xdx,$$

两边积分

$$\int \frac{1}{y^2+1}dy = \int xdx,$$

得通解为

$$\arctan y = \frac{1}{2}x^2 + C.$$

将初始条件 $y\Big|_{x=0} = 1$ 代入通解为

$$C = \frac{\pi}{4},$$

所以求得方程的解为

$$\arctan y = \frac{1}{2}x^2 + \frac{\pi}{4}.$$

6.2.2 齐次方程

如果一阶微分方程可以化成$\frac{\mathrm{d}y}{\mathrm{d}x}=\varphi\left(\frac{y}{x}\right)$的形式，那么称该微分方程为齐次方程.

在齐次方程中，作变量代换，令$u=\frac{y}{x}$，$y=xu$，$\frac{\mathrm{d}y}{\mathrm{d}x}=u+x\frac{\mathrm{d}u}{\mathrm{d}x}$.

代入齐次方程中得

$$u+x\frac{\mathrm{d}u}{\mathrm{d}x}=\varphi(u),$$

即

$$\frac{\mathrm{d}u}{\varphi(u)-u}=\frac{\mathrm{d}x}{x},$$

两端积分

$$\int\frac{\mathrm{d}u}{\varphi(u)-u}=\int\frac{\mathrm{d}x}{x},$$

求出积分后，再将$u=\frac{y}{x}$代入，便可以得到原方程的通解.

例 6-7 解方程$x\frac{\mathrm{d}y}{\mathrm{d}x}=y\ln\frac{y}{x}$

【解】 原方程可化为

$$\frac{\mathrm{d}y}{\mathrm{d}x}=\frac{y}{x}\ln\frac{y}{x}.$$

令

$$u=\frac{y}{x},\ y=xu,\ \frac{\mathrm{d}y}{\mathrm{d}x}=u+x\frac{\mathrm{d}u}{\mathrm{d}x},$$

代入原方程变为

$$u+x\frac{\mathrm{d}u}{\mathrm{d}x}=u\ln u,$$

分离变量得

$$\frac{\mathrm{d}u}{u\ln u-u}=\frac{\mathrm{d}x}{x},$$

两端积分得

$$\ln u=Cx+1$$

将$u=\frac{y}{x}$代入通解中得

$$\ln \frac{y}{x}=Cx+1.$$

6.2.3 一阶线性微分方程

形如$\frac{dy}{dx}+P(x)y=Q(x)$的方程称为一阶线性微分方程.

当 $Q(x)\equiv 0$ 时，即$\frac{dy}{dx}+P(x)y=0$，称为一阶线性齐次方程.

当 $Q(x)$不恒为 0 时，即$\frac{dy}{dx}+P(x)y=Q(x)$，称为一阶线性非齐次方程.

6.2.3.1 一阶线性齐次微分方程的通解

将$\frac{dy}{dx}+P(x)y=0$ 分离变量得，$\frac{dy}{y}=-P(x)dx$，两边积分得

$$\ln|y|=-\int P(x)dx+C_1(C_1 \text{ 为任意常数}),$$

因此一阶线性微分方程的通解为

$$y=Ce^{-\int P(x)dx}\ (C \text{ 为任意常数}).$$

6.2.3.2 一阶线性非齐次微分方程的通解

为了找出一阶线性非齐次微分方程的解，我们利用常数变易法，将 $y=Ce^{-\int P(x)dx}$ 中的常数 C 换成待定函数 $C(x)$，即设 $y=C(x)e^{-\int P(x)dx}$ 为一阶线性非齐次微分方程的一个解，代入方程$\frac{dy}{dx}+P(x)y=Q(x)$中，则有

$$C'(x)e^{-\int P(x)dx}-P(x)C(x)e^{-\int P(x)dx}+P(x)C(x)e^{-\int P(x)dx}=Q(x),$$

即

$$C'(x)=Q(x)e^{\int P(x)dx},$$

因此

$$C(x)=\int Q(x)e^{\int P(x)dx}dx+C.$$

于是一阶线性非齐次微分方程的通解为

$$y=e^{-\int P(x)dx}\left(\int Q(x)e^{\int P(x)dx}dx+C\right).$$

例 6-8 求解微分方程$\frac{dy}{dx}+y=e^{-x}$.

【解】 解法一：常数变易法．

先求对应的一次线性齐次微分方程的通解，分离变量得

$$\frac{dy}{y}=-dx,$$

两端积分得

$$\ln y=-x+C_1,$$

即

$$y=\pm e^{-x+C_1}=Ce^{-x},$$

再设 $y=C(x)e^{-x}$ 为原方程的通解，代入原方程，得

$$[C(x)e^{-x}]'+C(x)e^{-x}=e^{-x},$$

$$C'(x)e^{-x}-C(x)e^{-x}+C(x)e^{-x}=e^{-x},$$

即

$$C'(x)=1,$$

积分得

$$C(x)=x+C$$

因此原方程的通解为

$$y=e^{-x}(x+C).$$

解法二：公式法．

$P(x)=1$，$Q(x)=e^{-x}$，代入公式 $y=e^{-\int P(x)dx}\left(\int Q(x)e^{\int P(x)dx}dx+C\right)$，

得

$$y=e^{-\int dx}\left(\int e^{-x}e^{\int dx}dx+C\right)=e^{-x}(x+C).$$

习题 6.2

1. 求下列微分方程的通解．

(1) $xy'+y\ln y=0$；

(2) $4x^3+3x^2-6y'=0$；

(3) $\sec^2x\tan y dx+\sec^2y\tan x dy=0$；

(4) $\frac{dy}{dx}=e^{x+y}$；

(5) $\cos x\sin y dx+\sin x\cos y dy=0$；

(6) $\frac{1}{y}dx+(x-4)dy=0$．

2. 求下列齐次方程的通解．

(1) $(y^2-3x^2)dy+2xydx=0$；

(2) $y'=\frac{y}{x}+\frac{x}{y}$；

(3) $(x^2+y^2)dx-xydy=0$；

(4) $xy'-y-\sqrt{x^2-y^2}=0$．

3. 求下列方程的通解.

(1) $\frac{dy}{dx}+2y=e^{-x}$;　　(2) $xy'+y=x+2$;

(3) $y'+y\sin x=e^{\cos x}$;　　(4) $\frac{ds}{dt}+4s=2$.

4. 求下列方程的特解.

(1) $y'+y=3x^2$, $y(0)=0$;　　(2) $\frac{dy}{dx}+\frac{y}{x}=\frac{\sin x}{x}$, $y(\pi)=0$.

5. 求一曲线方程，这曲线通过(1, 2)，并且它在点(x, y)处的切线斜率等于$2x+y$.

6.3　可降阶的高阶微分方程

从这一节起我们将讨论二阶及二阶以上的微分方程，即高阶微分方程. 对于一些高阶微分方程，我们可以通过换元将它化成较低阶的方程来解. 以二阶微分方程 $y''=f(x, y, y')$ 为例，下面介绍三种容易降阶的高阶微分方程的求解方法.

6.3.1　$y^{(n)}=f(x)$ 型的微分方程

微分方程 $y^{(n)}=f(x)$ 的右端只含有自变量 x，只要把 $y^{(n-1)}$ 作为新的未知函数，则 $y^{(n)}=f(x)$ 就是新的未知函数 $y^{(n-1)}$ 的一阶微分方程. 两边积分得 $y^{(n-1)}=\int f(x)\,dx+C_1$，同理可得 $y^{(n-2)}=\int\left[\int f(x)\,dx+C_1\right]dx+C_2$，依此法继续进行，接连积分 n 次，便可得 $y^{(n)}=f(x)$ 的含有 n 个任意常数的通解.

例 6-9 求微分方程 $y'''=x^2+2x$ 的通解.

【解】 对方程进行 3 次积分，得

$$y''=\frac{1}{3}x^3+x^2+C_1$$

$$y'=\frac{1}{12}x^4+\frac{1}{3}x^3+C_1x+C_2$$

$$y=\frac{1}{60}x^5+\frac{1}{12}x^4+\frac{1}{2}C_1x^2+C_2x+C_3$$

6.3.2 $y''=f(x, y')$型的微分方程

方程 $y''=f(x, y')$ 的右端不显含未知函数 y，设 $y'=p$，则 $y''=p'$，代入方程 $y''=f(x, y')$ 中得 $p'=f(x, p)$，这是一个关于变量 x，p 的一阶微分方程，设其通解为 $p=\varphi(x, C_1)$，由于 $y'=p$，因此得到一阶微分方程 $\frac{dy}{dx}=\varphi(x, C_1)$，对它进行积分可得 $y=\int\varphi(x, C_1)dx+C_2$.

例 6-10 求微分方程 $(1+x)y''=2y'$ 满足初始条件 $y'(0)=3$，$y(0)=2$ 的特解.

【解】 所给方程不显含 y，设 $y'=p$，$y''=p'$，代入方程并变量分离得

$$\frac{dp}{p}=\frac{2}{1+x}dx.$$

两边积分得

$$\ln|p|=2\ln|1+x|+\ln|C_1|,$$

即

$$p=C_1(1+x)^2,$$

由条件 $y'(0)=3$，得

$$C_1=3,$$

所以 $y'=3(1+x)^2$，两端在积分得

$$y=(1+x)^3+C_2,$$

又由条件 $y(0)=2$，得

$$C_2=1,$$

即

$$y=(1+x)^3+1.$$

6.3.3 $y''=f(y, y')$型的微分方程

方程 $y''=f(y, y')$ 的右端不显含自变量 x，设 $y'=p(y)$，则 $y''=\frac{dp}{dy}\cdot\frac{dy}{dx}=\frac{dp}{dy}\cdot p$，代入方程 $y''=f(y, y')$ 中得 $\frac{dp}{dy}\cdot p=f(y, p)$，这是一个关于变量 y，p 的一阶微分方程，设其通解为 $p=\varphi(y, C_1)$，由于 $y'=p(y)$，因此得到一阶微分方程 $\frac{dy}{dx}=\varphi(y, C_1)$，对它进行积分可得

$$\int\frac{dy}{\varphi(y, C_1)}=x+C_2$$

例 6-11 求解微分方程 $2yy''-(y')^2=0$ 的通解.

【解】 因为方程不显含自变量 x，设 $y'=p(y)$，$y''=\frac{dp}{dy}\cdot\frac{dy}{dx}=\frac{dp}{dy}\cdot p$，代入方程得

$$2y\frac{dp}{dy}\cdot p-p^2=0.$$

当 $y\neq0$，$p\neq0$，方程两边约去 p，变量分离得

$$\frac{dp}{p}=\frac{dy}{2y}.$$

两边积分得

$$\ln|p|=\frac{1}{2}\ln|y|+\ln|C_1|,$$

即

$$p=C_1\sqrt{y}.$$

再分离变量，两边积分得

$$2\sqrt{y}=\frac{1}{2}C_1x+C_2.$$

习题 6.3

1. 求下列微分方程的通解.

(1) $y''=3x^2+\cos x$；　　(2) $y''=y'+x$；

(3) $xy''=y'\ln y'$；　　(4) $y''=1+(y')^2$.

2. 求下列微分方程满足初始条件的特解.

(1) $y''=e^{ax}$，$y(0)=0$，$y'(0)=0$；

(2) $(1+x^2)y''=2xy'$，$y(0)=1$，$y'(0)=3$.

6.4　二阶线性常系数微分方程

6.4.1　二阶线性常系数微分方程

形如 $\frac{d^2y}{dx^2}+p\frac{dy}{dx}+qy=f(x)$ 的微分方程称为二阶线性常系数微分方程.

当 $f(x)\equiv0$ 时，方程 $\frac{d^2y}{dx^2}+p\frac{dy}{dx}+qy=0$ 为二阶线性常系数齐次微分方程.

当 $f(x)\neq 0$ 时，方程 $\frac{d^2y}{dx^2}+p\frac{dy}{dx}+qy=f(x)$ 为二阶线性常系数非齐次微分方程．

6.4.2 二阶线性常系数微分方程解的结构

定义 4 对于任意的两个函数 $y_1(x)$，$y_2(x)$，若 $y_1(x)$，$y_2(x)$ 的比值是常数，则称 $y_1(x)$，$y_2(x)$ 线性相关的，否则 $y_1(x)$，$y_2(x)$ 是线性无关的．

定理 1 若函数 $y_1(x)$，$y_2(x)$ 是二阶线性常系数齐次微分方程 $\frac{d^2y}{dx^2}+p\frac{dy}{dx}+qy=0$ 的两个线性无关解，则称 $y=C_1y_1(x)+C_2y_2(x)$ 为 $\frac{d^2y}{dx^2}+p\frac{dy}{dx}+qy=0$ 的通解．

定理 2 设 $y^*(x)$ 为二阶线性常系数非齐次 $\frac{d^2y}{dx^2}+p\frac{dy}{dx}+qy=f(x)$ 的一个特解，$\overline{y(x)}$ 是对应的二阶线性常系数齐次微分方程 $\frac{d^2y}{dx^2}+p\frac{dy}{dx}+qy=0$ 的通解，则 $y=y^*(x)+\overline{y(x)}$ 是二阶线性常系数非齐次 $\frac{d^2y}{dx^2}+p\frac{dy}{dx}+qy=f(x)$ 的通解．

6.4.3 二阶线性常系数齐次微分方程通解的求法

二阶线性常系数齐次微分方程 $\frac{d^2y}{dx^2}+p\frac{dy}{dx}+qy=0$ 中，由于方程的系数为常数，所以方程中 y，$\frac{dy}{dx}$，$\frac{d^2y}{dx^2}$ 应该具有形同的形式可以提公因子．我们知道，指数函数的导数不改变其函数形式，所以我们猜想方程有特解 $y=e^{\lambda x}$.

将 $y=e^{\lambda x}$ 代入二阶线性常系数齐次方程 $\frac{d^2y}{dx^2}+p\frac{dy}{dx}+qy=0$ 中求得 λ 的取值，从而得到方程的特解．

将 $y=e^{\lambda x}$ 代入 $\frac{d^2y}{dx^2}+p\frac{dy}{dx}+qy=0$ 中，可以得方程 $\lambda^2+p\lambda+q=0$，此方程称为二阶线性常系数齐次方程的特征方程，其根称为特征根．

下面从三个方面讨论根的存在性：

(1) 当特征方程有两个不等的实根 λ_1 和 λ_2，则方程有两个线性无关解：$y_1=e^{r_1x}$ 和 $y_2=e^{r_2x}$，因此齐次方程 $\frac{d^2y}{dx^2}+p\frac{dy}{dx}+qy=0$ 有通解：$y=C_1e^{r_1x}+C_2e^{r_2x}$.

(2) 当特征方程有两个相等的实根 $\lambda=\lambda_1=\lambda_2=-\frac{p}{2}$，则 $y_1=e^{rx}$ 是齐次方程的一个解，

为求得方程的通解，可以用常数变易法求得方程的另一个线性无关解．易求得另一个线性无关解为 $y_2=xe^{rx}$，因此方程的通解为 $y=C_1e^{rx}+C_2xe^{rx}=e^{rx}(C_1+C_2x)$.

(3)当特征方程有两个共轭复根 $\lambda=\alpha\pm\beta i$，通过欧拉公式可以化解两个线性无关解：$y_1=e^{\alpha x}\cos\beta x$ 和 $y_2=e^{\alpha x}\sin\beta x$，因此方程的通解为 $y=e^{\alpha x}(C_1\cos\beta x+C_2\sin\beta x)$.

例 6-12 求方程 $y''-5y'+6y=0$ 的通解．

【解】 依题可得特征方程为

$$r^2-5r+6=0,$$

解得特征为

$$r_1=2,\ r_2=3,$$

所以方程的通解为

$$y=C_1e^{2x}+C_2e^{3x}.$$

例 6-13 求方程 $\frac{d^2s}{dt^2}+4\frac{ds}{dt}+4s=0$ 满足初始条件 $s(0)=-1$，$s'(0)=3$ 的特解．

【解】 依题意可得特征方程为

$$r^2+4r+4=0,$$

解得特征根为

$$r_1=r_2=-2,$$

所以方程的通解为

$$s=e^{-2t}(C_1+C_2t).$$

将上式对 t 求导得

$$s'=e^{-2t}(C_2-2C_1-2C_2t),$$

将 $s(0)=-1$ 代入通解中得

$$C_1=-1,$$

将 $s'(0)=3$ 代入导函数中得

$$C_2=1,$$

因此方程的特解为

$$s=e^{-2t}(t-1).$$

例 6-14 求微分方程 $y''-4y'+5y=0$ 的通解．

【解】 依题意可得特征方程为

$$r^2-4r+5=0,$$

记特征根为

$$\lambda=2\pm i.$$

因此，微分方程的通解为

$$y=e^{2x}(C_1\cos x+C_2\sin x).$$

6.4.4 二阶线性常系数非齐次微分方程通解的求法

由定理 2 可知，二阶非齐次的通解等于它对应的二阶齐次的通解加上它的一个特解．对应齐次的通解前面已经解决，现在问题转换为求二阶非齐次的一个特解．

本书只介绍用待定系数法求 $f(x)=P(x)e^{\lambda x}$ 形式的二阶线性常系数非齐次方程的解．其中 $P(x)$ 为多项式，λ 为常数．

通过分析方程等号两边函数的形式，设微分方程的特解为 $y^*=x^kQ(x)e^{\lambda x}$，其中 $Q(x)$ 为 $P(x)$ 同次数的待定多项式．求出特解 $y^{*\prime}$，$y^{*\prime\prime}$ 并代入方程 $\dfrac{d^2y}{dx^2}+p\dfrac{dy}{dx}+qy=x^kQ(x)e^{\lambda x}$ 中，

进而得到结论 $k=\begin{cases}0，\lambda \text{ 不是特征方程的根}\\1，\lambda \text{ 是特征方程的单根}.\\2，\lambda \text{ 是特征方程的重根}\end{cases}$

例 6-15 求微分方程 $y''-5y'+6y=xe^{2x}$ 的通解．

【解】 依题意可得对应齐次方程的特征方程为

$$r^2-5r+6=0$$

解得特征为

$$r_1=2，r_2=3，$$

所以方程的通解为

$$\bar{y}=C_1e^{2x}+C_2e^{3x}.$$

由于 $\lambda=2$ 是特征方程的单根，所以设特解为 $y^*=x(ax+b)e^{2x}$，将它代入微分方程可得

$$-2ax+2a-b=x.$$

比较多项式两端的系数可得

$$\begin{cases}-2a=1,\\2a-b=0,\end{cases}$$

求得系数

$$\begin{cases}a=-\dfrac{1}{2},\\b=-1,\end{cases}$$

所以微分方程的通解为

$$y=y^*+\bar{y}=\left(-\frac{1}{2}x^2-x\right)e^{2x}+C_1e^{2x}+C_2e^{3x}.$$

习题 6.4

1. 求下列方程的通解.

(1) $y''+4y'+3y=0$;

(2) $y''-4y'+4y=0$;

(3) $y''+2y'+5y=0$;

(4) $y''+4y'=0$;

(5) $y''+4=0$;

(6) $y''-3y'+2y=0$;

(7) $y''-4y'-5y=e^x$;

(8) $y''-2y'-3y=4x$.

2. 求下列微分方程满足已知条件的特解.

(1) $y''-3y'+2y=5$, $y(0)=1$, $y'(0)=2$;

(2) $y''-10y'+9y=e^{2x}$, $y(0)=\dfrac{6}{7}$, $y'(0)=\dfrac{33}{7}$.

复习题 6

一、选择题

1. 微分方程 $xy'y''-2y(y'')^2+x=0$ 的阶数为( ).

A. 一阶　　B. 二阶　　C. 三阶　　D. 四阶

2. 微分方程$\dfrac{dy}{dx}-3x^2=0$ 的一个特解为( ).

A. $y=x^3+C$　　B. $y=Cx^3$　　C. $y=x^3$　　D. $y=x^4$

3. 微分方程$\dfrac{dy}{dx}-3y=0$ 的通解为( ).

A. $y=C\sin 2x$　　B. $y=C\cos x$

C. $y=Ce^{3x}$　　D. $y=Ce^{-3x}$

4. 设 μ 为实数，方程 $y''+2\mu y'+\mu^2 y=0$ 的通解为( ).

A. $y=C_1 e^{-\mu x}+C_2$　　B. $y=C_1\cos\mu x+C_2\sin\mu x$

C. $y=(C_1+C_2 x)e^{-\mu x}$　　D. $y=e^{-\mu x}(C_1\cos\mu x+C_2\sin\mu x)$

二、填空题

1. 形如________的方程称为一阶线性微分方程.

2. 形如________的方程称为可分离变量方程.

3. 函数________是微分方程$\dfrac{dy}{dx}-\dfrac{1}{1+y^2}=0$ 的通解.

4. 求微分方程 $xy'-y=2\sqrt{xy}$ 的通解.

5. 设可导函数 $\psi(x)\cos x+2\int_0^x\psi(t)\sin t\mathrm{d}t=x+1$，求 $\psi(x)$.

学海乐园　常微分方程发展史

牛顿和莱布尼茨创立的微积分是不严格的.18 世纪的数学家们一方面努力探索微积分严格化的路径，另一方面又不顾基础问题的困难而大胆前进，大大扩展了微积分的应用范围，尤其是与力学的有机结合，当时几乎所有的数学家同时也是力学家.

牛顿和莱布尼茨都处理过与常微分方程有关的问题.微积分产生的一个重要原因来自人们探索物质世界运动规律的需求.一般地，认识规律很难完全靠实验观测认识清楚，因为人们不太可能观测到运动的全过程.运动服从一定的客观规律，物质运动与瞬时变化率之间有着紧密的联系，而这种联系，用数学语言表示出来，即抽象为某种数学结构，其结构往往构成一个微分方程.

在微分方程模型建立过程中，平衡原理起着重要的作用.微分方程模型通常是建立在平衡原理基础之上的.等量关系是我们在现实生活中随处可见的现象，如物理学中的能量守恒和动量守恒定律以及力的平衡等都是在描述物理中的一些等量关系.

常微分方程是伴随着微积分发展起来的，微积分是它的母体，生产生活实践是它生命的源泉.300 年来，常微分方程诞生于数学与自然科学的结合中，成长于生产实践和数学的发展进程，表现出了强大的生命力和活力，蕴含着丰富的数学思想方法.

按照历史年代划分，常微分方程研究的历史发展大体分为四个阶段：18 世纪及以前，19 世纪初期和中期，19 世纪末期及 20 世纪初期，20 世纪中期以后.按照研究内容可以分为四个阶段：常微分方程经典阶段，常微分方程适定性理论阶段，常微分方程解析理论阶段，常微分方程定性理论阶段.

第六章　常微分方程练习题

第 7 章 多元函数微分学

多元函数是一元函数的推广，其特点是函数的自变量有多个．它与一元函数的概念、性质、应用有很多相似之处，但也有很大的区别．本章将重点以二元函数为例，讨论多元函数的概念、性质、极限与偏导等．

- 多元函数微分学
  - 多元函数基本概念
    - 区域
    - 二元函数的定义及极限
    - 二元函数的连续性
  - 偏导数
    - 偏导数的定义
    - 高阶偏导数
  - 全微分
    - 全微分的定义
    - 全微分、偏导数与连续的关系
    - 全微分在近似计算中的应用
  - 复合函数与隐函数求导法则
    - 多元复合函数的求导
    - 隐函数的求导法则
      - 一元隐函数求导
      - 二元隐函数求导
  - 多元函数极值及其求法
    - 极值的概念
    - 条件极值

国际数学大师陈省身

陈省身(1911—2004)，汉族，美籍华人，国际数学大师、著名教育家、中国科学院外籍院士，“走进美妙的数学花园”创始人，20世纪世界级的几何学家．少年时代即显露数学才华，在其数学生涯中，几经抉择，努力攀登，终成辉煌．他在整体微分几何上的卓越贡献，影响了整个数学的发展，被杨振宁誉为继欧几里德、高斯、黎曼、嘉当之后又一里程碑式的人物．曾先后主持、创办了三大数学研究所，造就了一批世界知名的数学家．

陈省身是20世纪重要的微分几何学家，被誉为“微分几何之父”．早在40年代，陈省身他结合微分几何与拓扑学的方法，完成了两项划时代的重要工作：高斯-博内-陈定理和Hermitian流形的示性类理论，为大范围微分几何提供了不可缺少的工具．这些概念和工具，已远远超过微分几何与拓扑学的范围，成为整个现代数学中的重要组成部分．

7.1　多元函数的基本概念

一元函数的定义域一般在一个区间．而对于多元函数的研究，需要将一元函数的区间和邻域等概念加以推广．

7.1.1　区域

定义1　设 $P_0(x_0, y_0)$ 是 xOy 平面上的一点，δ 是某一正数．与点 $P_0(x_0, y_0)$ 的距离小于 δ 的点 $P(x, y)$ 的全体，称为点 P_0 的 δ 邻域，记为 $U(x_0, \delta)$，即

$$U(x_0, \delta)=\left\{(x, y)\ \middle|\ \sqrt{(x-x_0)^2+(y-y_0)^2}<\delta\right\}$$

点 P_0 的去心邻域，记作 $\mathring{U}(x_0, \delta)$，即

$$U(x_0, \delta)=\left\{(x, y)\ \middle|\ 0<\sqrt{(x-x_0)^2+(y-y_0)^2}<\delta\right\}$$

在几何上，$U(x_0, \delta)$ 就是 xOy 平面上以点 P_0 为中心，δ 为半径的圆盘的点的全体．

如果不需要强调邻域的半径 δ，则用 $U(P_0)$ 表示点 P_0 的某个邻域，$\mathring{U}(P_0)$ 表示点 P_0 的某个去心邻域．

下面利用邻域来描述点和点集的关系.

定义 2 设 E 是平面上的一个点集，P 是平面上一点，

(1)若存在点 P 的某个邻域 $U(P)$，使得 $U(P)\subset E$，那么称 P 为 E 的内点[图 7-1(a)].

(2)若存在点 P 的某个邻域 $U(P)$，使得 $U(P)\cap E=\varnothing$，那么称 P 为 E 的外点[图 7-1(b)].

(3)若存在点 P 的任一邻域内既含有属于 E 的点，又含有不属于 E 的点，那么称 P 为 E 的边界点[图 7-1(c)].

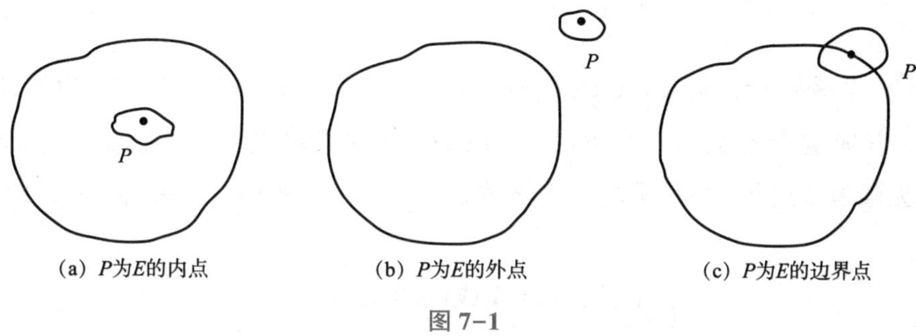

图 7-1

定义 3 如果点集 E 的全体都是内点，则称 E 是开集.

定义 4 设 E 是开集，如果对于 E 内任意两点，都可以用折线连接起来，且该折线上的点都属于 E，则称 E 是连通集.

定义 5 连通的开集称为区域或开区域. 开区域连通它的边界称为闭区域.

定义 6 如果存在正数 K，使 E 包含于以原点为中心以 K 为半径的圆内，则称 E 为有界区域，否则为无界区域.

7.1.2 二元函数

在很多自然现象以及实际问题中，经常会遇到由多个变量决定因素的关系，如：圆柱体的体积 V 和它的底半径 r、高 h 之间具有关系：$V=\pi r^2h$，这里的 r，h 在集合 $\{(r,h)|r>0,h>0\}$ 内取得一对值 (r,h) 时，V 的对应值随之确定.

定义 7 设 D 是平面上一点集，如果对于 D 中任一点 $P(x,y)$，变量 z 按照一定的法则总有确定的数值和它们对应，则称变量 z 是变量 x，y 的二元函数，记作 $z=f(x,y)$.

其中 x，y 叫作自变量，z 为因变量，自变量的范围 D 称为函数的定义域.

二元函数的定义域是指函数有意义的一切点组成的平面点集.

例 7-1 求下列函数的定义域：

(1) $z=\ln(1-x-y^2)$；

(2) $z=\arcsin(x^2+y^2)$.

【解】 (1) 函数的定义域为$\{(x, y) \mid y^2<1-x\}$.

(2) 函数的定义域为$\{(x, y) \mid x^2+y^2 \leqslant 1\}$.

设函数$z=f(x, y)$的定义域是xOy坐标面上的一个点集D，对于D上的任一点$P(x, y)$，对应的函数值$z=f(x, y)$是空间上的点$M(x, y, z)$. 当$P(x, y)$在D上变动时，点$M(x, y, z)$就相应地在空间内变动. 一般来说，它的轨迹是一个曲面，这个曲面就称为二元函数的图形.

7.1.3 二元函数的极限

定义8 设函数$z=f(x, y)$在$\mathring{U}(P_0)$内有定义，点$P(x, y)$是$\mathring{U}(P_0)$内的任意一点，如果存在一个确定的常数A，点$P(x, y)$以任何方式趋向于点$P_0(x_0, y_0)$时，函数$f(x, y)$都无限地接近A，则称常数A为函数$z=f(x, y)$当$P \to P_0 (x \to x_0, y \to y_0)$时的极限，记作

$$\lim_{P \to P_0} f(x, y)=A \text{ 或 } \lim_{\substack{x \to x_0 \\ y \to y_0}} f(x, y)=A.$$

说明：二重极限是指点$P(x, y)$以任何方式趋向于点$P_0(x_0, y_0)$时，$f(x, y)$都无限地接近A. 如果点$P(x, y)$以某种特殊方式，比如定直线或定曲线趋于$P_0(x_0, y_0)$，即使$f(x, y)$无限地接近某一确定的常数，我们也不能由此断定函数的极限存在. 但反过来，如果点$P(x, y)$以不同方式趋向于点$P_0(x_0, y_0)$时，$f(x, y)$趋于不同的值，那么我们可断定此函数的极限不存在.

例7-2 求函数极限$\lim\limits_{\substack{x \to 0 \\ y \to 0}} \dfrac{\sin(x^2 y)}{x^2+y^2}$.

【解】 依题意可变换$\lim\limits_{\substack{x \to 0 \\ y \to 0}} \dfrac{\sin(x^2 y)}{x^2+y^2}=\lim\limits_{\substack{x \to 0 \\ y \to 0}} \dfrac{\sin(x^2 y)}{x^2 y} \cdot \dfrac{x^2 y}{x^2+y^2}$，其中

$$\text{令 } u=x^2 y, \text{ 则} \lim_{\substack{x \to 0 \\ y \to 0}} \frac{\sin(x^2 y)}{x^2 y}=\lim_{u \to 0} \frac{\sin u}{u}=1,$$

$$0<\left|\frac{x^2 y}{x^2+y^2}\right|<\frac{1}{2}|x| \to 0,$$

因此

$$\lim_{\substack{x \to 0 \\ y \to 0}} \frac{\sin(x^2 y)}{x^2+y^2}=0.$$

例7-3 讨论函数$f(x, y)=\dfrac{xy}{x^2+y^2}$在点$(0, 0)$的极限是否存在.

【解】 设$P(x, y)$沿着直线$y=kx$趋于$(0, 0)$点，则有

$$\lim_{\substack{x\to 0\\y\to 0}} f(x,\ y)=\lim_{x\to 0}\frac{x\cdot kx}{x^2+(kx)^2}=\frac{k}{1+k^2}.$$

显然不同 k，函数 $f(x,\ y)$ 的极限值不同，所以 $f(x,\ y)=\dfrac{xy}{x^2+y^2}$ 在点(0，0)的极限不存在.

7.1.4　二元函数的连续性

定义 9　设函数 $z=f(x,\ y)$ 在 $U(P_0)$ 内有定义，若 $\lim\limits_{\substack{x\to x_0\\y\to y_0}} f(x,\ y)=f(x_0,\ y_0)$，则称函数 $z=f(x,\ y)$ 在 $P_0(x_0,\ y_0)$ 连续.

定义 10　如果函数 $f(x,\ y)$ 在区域 D 上任意一点都连续，则称它在 D 上连续.

多元函数有着与一元函数类似的性质.

定理 1　如果函数 $z=f(x,\ y)$ 在有界闭区域 D 上连续，则在 D 上一定有最大值和最小值.

定理 2　如果函数 $z=f(x,\ y)$ 在有界闭区域 D 上连续，则在 D 上一定有界.

定理 3　如果函数 $z=f(x,\ y)$ 在有界闭区域 D 上连续，则它可以取得介于最大值和最小值之间的任何值.

习题 7.1

1. 设函数 $f(x,\ y)=x^2+xy+y^3$，求 $f(-1,\ 2)$.

2. 设函数 $f(x,\ y)=3x+8y^2$，求 $f\left(\dfrac{x}{y},\ xy\right)$.

3. 求下列函数的定义域.

(1) $z=\ln(y^2-2x)$；　　(2) $z=\dfrac{1}{\sqrt{4-x^2-y^2}}+\sqrt{x^2+y^2-1}$；

(3) $z=\sqrt{x}\ln\sqrt{x+y}$；　　(4) $u=\arcsin(x^2+y^2-z)$.

4. 求下列函数的极限.

(1) $\lim\limits_{(x,y)\to(1,0)}\dfrac{\ln(x+e^y)}{x+y}$；　　(2) $\lim\limits_{(x,y)\to(0,0)}\dfrac{xy}{\sqrt{xy+4}-2}$；

(3) $\lim\limits_{(x,y)\to(0,0)}\dfrac{1-\cos(x^2+y^2)}{(x^2+y^2)e^{x^2y^2}}$；　　(4) $\lim\limits_{(x,y)\to(0,1)}\dfrac{\sin(xy)}{\ln(1+x)}$.

7.2 偏导数

7.2.1 偏导数的定义

定义 11 设函数 $z=f(x, y)$ 在点 (x_0, y_0) 的某邻域内有定义，当 y 固定在 y_0，x 在 x_0 处有增量 Δx 时，称 $\Delta_x z=f(x_0+\Delta x, y_0)-f(x_0, y_0)$ 为函数 $z=f(x, y)$ 在 (x_0, y_0) 处关于 x 的偏增量；同理当 x 固定在 x_0，y 在 y_0 处有增量 Δy 时，称 $\Delta_y z=f(x_0, y_0+\Delta y)-f(x_0, y_0)$ 为函数 $z=f(x, y)$ 在 (x_0, y_0) 处关于 y 的偏增量．

定义 12 设函数 $z=f(x, y)$ 在点 $P_0(x_0, y_0)$ 的某邻域 $U(P_0, \delta)$ 内有定义，任意一点 $(x_0+\Delta x, y_0)\in U(P_0, \delta)$，如果极限 $\lim\limits_{\Delta x\to 0}\dfrac{f(x_0+\Delta x, y_0)-f(x_0, y_0)}{\Delta x}$ 存在，则称该极限为函数 $z=f(x, y)$ 在 $P_0(x_0, y_0)$ 关于 x 的偏导数，记作 $\left.\dfrac{\partial z}{\partial x}\right|_{\substack{x=x_0\\y=y_0}}$，$\left.\dfrac{\partial f}{\partial x}\right|_{\substack{x=x_0\\y=y_0}}$，$\left.z_x\right|_{\substack{x=x_0\\y=y_0}}$ 或 $f_x(x_0, y_0)$．

类似地，函数 $z=f(x, y)$ 在点 $P_0(x_0, y_0)$ 处对 y 的偏导数定义为 $\lim\limits_{\Delta y\to 0}\dfrac{f(x_0, y_0+\Delta y)-f(x_0, y_0)}{\Delta y}$，记作 $\left.\dfrac{\partial z}{\partial y}\right|_{\substack{x=x_0\\y=y_0}}$，$\left.\dfrac{\partial f}{\partial y}\right|_{\substack{x=x_0\\y=y_0}}$，$\left.z_y\right|_{\substack{x=x_0\\y=y_0}}$ 或 $f_y(x_0, y_0)$．

定义 13 如果函数 $z=f(x, y)$ 在 D 内的每一点 (x, y) 处对 x 的偏导数都存在，那么这个偏导数还是关于 x，y 的函数，它称为 $z=f(x, y)$ 对 x 的偏导函数，记作：$\dfrac{\partial f}{\partial x}$，$\dfrac{\partial z}{\partial x}$，$z_x$ 或 $f_x(x, y)$．

类似地，可以定义函数 $z=f(x, y)$ 对 y 的偏导函数，记作：$\dfrac{\partial f}{\partial y}$，$\dfrac{\partial z}{\partial y}$，$z_y$ 或 $f_y(x, y)$．

由偏导数的定义可知，求 $f(x, y)$ 的偏导数不需要新的方法，只需要将其中一个变量固定，对另一个变量求导即可．

例 7-4 求函数 $z=x+2x^2y^2+y^3$ 在 $(1, 1)$ 的偏导数．

【解】 将 y 看成常量，得

$$\frac{\partial z}{\partial x}=1+4xy^2,$$

将 x 看成常量，得

$$\frac{\partial z}{\partial y}=4x^2y+3y^2.$$

所以

$$\left.\frac{\partial z}{\partial x}\right|_{\substack{x=1\\y=1}}=5,\quad \left.\frac{\partial z}{\partial y}\right|_{\substack{x=1\\y=1}}=7.$$

例 7-5 求函数 $z=x^4+\sin y^2$ 的偏导数．

【解】 $\frac{\partial z}{\partial x}=4x^3$，$\frac{\partial z}{\partial y}=2y\cos y^2$.

例 7-6 证明 $z=x^y(x>0$ 且 $x\neq 1)$，求证 $\frac{x}{y}\frac{\partial z}{\partial x}+\frac{1}{\ln x}\frac{\partial z}{\partial y}=2z$.

证明：因为

$$\frac{\partial z}{\partial x}=yx^{y-1},\quad \frac{\partial z}{\partial y}=\ln x\cdot x^y,$$

所以

$$\frac{x}{y}\frac{\partial z}{\partial x}+\frac{1}{\ln x}\frac{\partial z}{\partial y}=\frac{x}{y}yx^{y-1}+\frac{1}{\ln x}\ln x\cdot x^y=2x^y=2z.$$

7.2.2 高阶偏导数

设函数 $z=f(x,\ y)$ 在区域 D 内具有偏导数 $\frac{\partial f}{\partial x}=f_x(x,\ y)$，$\frac{\partial f}{\partial y}=f_y(x,\ y)$，那么在 D 内 $f_x(x,\ y)$，$f_y(x,\ y)$ 都是关于 x，y 的函数．如果这两个函数的偏导数也存在，则称它们是函数 $z=f(x,\ y)$ 的二阶偏导数．按照对变量求导次序的不同有下列四个二阶偏导数：

$$\frac{\partial}{\partial x}\left(\frac{\partial z}{\partial x}\right)=\frac{\partial^2 z}{\partial x^2}=f_{xx}(x,\ y),\quad \frac{\partial}{\partial y}\left(\frac{\partial z}{\partial x}\right)=\frac{\partial^2 z}{\partial x\partial y}=f_{xy}(x,\ y)$$

$$\frac{\partial}{\partial x}\left(\frac{\partial z}{\partial y}\right)=\frac{\partial^2 z}{\partial y\partial x}=f_{yx}(x,\ y),\quad \frac{\partial}{\partial y}\left(\frac{\partial z}{\partial y}\right)=\frac{\partial^2 z}{\partial y^2}=f_{yy}(x,\ y)$$

其中第二、三个偏导数称为函数的混合偏导数，同样可得三阶、四阶、以及 n 阶偏导数．二阶及二阶以上的偏导数统称为高阶偏导数．

例 7-7 设 $z=5x^3y^2-3y^3-2xy+1$，求 $\frac{\partial^2 z}{\partial x^2}$，$\frac{\partial^2 z}{\partial y^2}$，$\frac{\partial^2 z}{\partial x\partial y}$，$\frac{\partial^2 z}{\partial y\partial x}$ 和 $\frac{\partial^3 z}{\partial x^3}$.

【解】 $\frac{\partial z}{\partial x}=15x^2y^2-2y$，$\frac{\partial z}{\partial y}=10x^3y-9y^2-2x$，$\frac{\partial^2 z}{\partial x^2}=30xy^2$，$\frac{\partial^2 z}{\partial y^2}=10x^3-18y$，$\frac{\partial^2 z}{\partial x\partial y}=30x^2y-2$，$\frac{\partial^2 z}{\partial y\partial x}=30x^2y-2$，$\frac{\partial^3 z}{\partial x^3}=30y^2$.

定理 4 如果函数 $z=f(x,\ y)$ 的两个二阶混合偏导数 $\frac{\partial^2 z}{\partial x\partial y}$ 及 $\frac{\partial^2 z}{\partial y\partial x}$ 在区域 D 内连续，那么在该区域内这两个二阶混合偏导数必相等．

习题 7.2

1. 求下列函数的偏导数.

(1) $z=x^3y^3$;　　(2) $z=3x+2y$;

(3) $z=e^{xy}\sin(x^2y)$;　　(4) $z=\arcsin(x^3-y^3)$.

2. 求下列函数的 $\frac{\partial^2 z}{\partial x^2}$, $\frac{\partial^2 z}{\partial y^2}$ 和 $\frac{\partial^2 z}{\partial x\partial y}$.

(1) $z=x^8+y^6-x^2y$;　　(2) $z=\arccos xy$;

(3) $z=y^x$;　　(4) $z=e^{x^2}\sin y$.

3. 设 $z=x\ln(xy)$，求 $\frac{\partial^3 z}{\partial x^3}$ 和 $\frac{\partial^3 z}{\partial x^2\partial y}$.

7.3 全微分

7.3.1 全微分的定义

对于一元函数 $y=f(x)$，当自变量在点 x 处有增量 Δx 时，若函数的增量 Δy 可表示为 $\Delta y=A\Delta x+o(\Delta x)$，其中 A 仅与 x 有关而与 Δx 无关，当 $\Delta x\to 0$ 时，$o(\Delta x)$ 是比 Δx 高阶的无穷小量，则函数 $y=f(x)$ 在点 x 可微，且 $dy=A\Delta x$. 类似地，我们给出二元函数的全微分的定义.

定义 14 如果函数 $z=f(x,y)$ 在点 $P(x,y)$ 的某邻域 $U(P)$ 内有定义，自变量 x，y 有相应的增量 Δx，Δy，则函数的增量 $\Delta z=f(x+\Delta x,y+\Delta y)-f(x,y)$，称 Δz 为函数 $z=f(x,y)$ 在点 $P(x,y)$ 的全增量.

定义 15 如果函数 $z=f(x,y)$ 在点 $P(x,y)$ 的全增量 Δz 可表示为 $\Delta z=A\Delta x+B\Delta y+o(\rho)$，其中 A，B 不依赖于 Δx，Δy 而仅与 x，y 有关，$\rho=\sqrt{(\Delta x)^2+(\Delta y)^2}$，则称函数 $z=f(x,y)$ 在点 $P(x,y)$ 可微，称 $A\Delta x+B\Delta y$ 为函数 $z=f(x,y)$ 在点 $P(x,y)$ 的全微分，记作 dz，即

$$dz=A\Delta x+B\Delta y.$$

如果函数在区域 D 内各点处都可微，那么称其在 D 内可微.

7.3.2 多元函数全微分与偏导数、连续的关系

定理 5（必要条件） 如果函数 $z=f(x,y)$ 在点 (x,y) 可微分，则函数在该点的偏导

数$\frac{\partial z}{\partial x}$，$\frac{\partial z}{\partial y}$必定存在，且函数$z=f(x, y)$在点$(x, y)$的全微分为$dz=\frac{\partial z}{\partial x}\Delta x+\frac{\partial z}{\partial y}\Delta y$.

定理 6（必要条件）　如果函数$z=f(x, y)$的偏导数$\frac{\partial z}{\partial x}$，$\frac{\partial z}{\partial y}$在点$(x, y)$连续，那么函数在该点可微．

习惯上，我们将自变量的增量Δx，Δy分别记作自变量的微分dx，dy，因此二元函数$z=f(x, y)$的全微分可以写成$dz=\frac{\partial z}{\partial x}dx+\frac{\partial z}{\partial y}dy$（全微分公式）.

例 7-8　求函数$z=x^3+y^3$的全微分．

【解】　因为

$$\frac{\partial z}{\partial x}=3x^2,\quad \frac{\partial z}{\partial y}=3y^2,$$

所以

$$dz=3x^2dx+3y^2dy.$$

例 7-9　求函数$z=\sin(xy)$在点$(1, \frac{\pi}{3})$的全微分．

【解】　因为

$$\frac{\partial z}{\partial x}=y\cos(xy)=\frac{\pi}{3}\cos\frac{\pi}{3}=\frac{\pi}{6},\quad \frac{\partial z}{\partial y}=x\cos(xy)=\cos\frac{\pi}{3}=\frac{1}{2},$$

所以

$$dz=\frac{\pi}{6}dx+\frac{1}{2}dy.$$

7.3.3　全微分在近似计算中的应用

当二元函数$z=f(x, y)$在点$P(x, y)$的两个偏导数$\frac{\partial z}{\partial x}$，$\frac{\partial z}{\partial y}$连续，并且$|\Delta x|$，$|\Delta y|$都较小时，有近似等式$\Delta z\approx dz=\frac{\partial z}{\partial x}\Delta x+\frac{\partial z}{\partial y}\Delta y$，即$f(x+\Delta x, y+\Delta y)\approx f(x, y)+\frac{\partial f}{\partial x}\Delta x+\frac{\partial z}{\partial y}\Delta y$.

我们可以利用上述近似等式对二元函数作近似计算．

例 7-10　计算$(0.96)^{1.98}$的近似值．

【解】　设函数$f(x, y)=x^y$，显然，要计算的是$x=0.96$，$y=1.98$的函数值，取$x=1$，$y=2$，$\Delta x=-0.04$，$\Delta y=-0.02$，由于$f_x(x, y)=yx^{y-1}$，$f_y(x, y)=\ln x\cdot x^y$，求得$f(1, 2)=1$，$f_x(1, 2)=2$，$f_y(x, y)=0$，因此

$$(0.96)^{1.98}\approx 1+2\times(-0.04)+0\times(-0.02)=0.92.$$

例 7-11 有一圆柱体，受压后发生形变，它的半径由 20 cm 增大到 20.02 cm，高度由 100 cm 减少到 98 cm. 求此圆柱体体积变化的近似值.

【解】 设圆柱体的半径、高和体积依次为 r，h 和 V，则有

$$V=\pi r^2 h.$$

已知 $r=20$，$h=100$，$\Delta r=0.02$，$\Delta h=-2$. 根据近似公式，有

$$\begin{aligned}\Delta V &\approx \mathrm{d}V=V_r\Delta r+V_h\Delta h=2\pi rh\Delta r+\pi r^2\Delta h\\ &=2\pi\times 20\times 100\times 0.02+\pi\times 20^2\times(-2)=-720\pi(\mathrm{cm}^3).\end{aligned}$$

即此圆柱体在受压后体积约减少了 $720\pi\mathrm{cm}^3$.

习题 7.3

1. 设 $z=xy\ln\dfrac{x}{y}$ 的全微分.

2. 求函数 $z=\ln(1+x^2+y^2)$ 当 $x=2$，$y=1$，$\Delta x=-0.1$，$\Delta y=0.2$ 时的全增量和全微分.

3. 计算 $\sqrt{(3.02)^2+(3.98)^2}$ 的近似值.

4. 设有一无盖圆形柱体容器，容器底和壁的厚度均为 0.1 cm，内高为 20 cm，内半径为 4 cm，求容器外壳体积的近似值.

7.4 复合函数与隐函数的求导法则

本节要将一元函数微分学中复合函数与隐函数的求导法则推广到多元复合函数的情形.

7.4.1 多元复合函数的求导

下面按照多元复合函数不同的复合情形，分三种情形讨论：

7.4.1.1 多个中间变量一个自变量的情形

定理 7 如果函数 $u=\varphi(t)$ 及 $v=\psi(t)$ 都在点 t 可导，函数 $z=f(u, v)$ 在对应点 (u, v) 具有连续偏导数，则复合函数 $z=f[\varphi(t), \psi(t)]$ 在点 t 可导，且有 $\dfrac{\mathrm{d}z}{\mathrm{d}t}=\dfrac{\partial z}{\partial u}\dfrac{\mathrm{d}u}{\mathrm{d}t}+\dfrac{\partial z}{\partial v}\dfrac{\mathrm{d}v}{\mathrm{d}t}$.

简要证明：因为 $z=f(u, v)$ 具有连续的偏导数，所以它是可微的，即有

$$\mathrm{d}z=\frac{\partial z}{\partial u}\mathrm{d}u+\frac{\partial z}{\partial v}\mathrm{d}v.$$

又因为 $u=\varphi(t)$ 及 $v=\psi(t)$ 都可导，因而可微，即有

$$du=\frac{du}{dt}dt,\ dv=\frac{dv}{dt}dt.$$

代入上式得

$$dz=\frac{\partial z}{\partial u}\frac{du}{dt}dt+\frac{\partial z}{\partial v}\frac{dv}{dt}dt=\left(\frac{\partial z}{\partial u}\frac{du}{dt}+\frac{\partial z}{\partial v}\frac{dv}{dt}\right)dt,$$

从而

$$\frac{dz}{dt}=\frac{\partial z}{\partial u}\frac{du}{dt}+\frac{\partial z}{\partial v}\frac{dv}{dt}.$$

推广：设 $z=f(u,v,w)$，$u=\varphi(t)$，$v=\psi(t)$，$w=\omega(t)$ 则 $z=f[\varphi(t),\psi(t),\omega(t)]$ 对 t 的导数为：$\frac{dz}{dt}=\frac{\partial z}{\partial u}\frac{du}{dt}+\frac{\partial z}{\partial v}\frac{dv}{dt}+\frac{\partial z}{\partial w}\frac{dw}{dt}$.

上述 $\frac{dz}{dt}$ 称为全导数.

例 7-12 设 $z=\arcsin(x-y)$，而 $x=3t$，$y=4t^2$，求 $\frac{dy}{dt}$.

【解】

$$\begin{aligned}\frac{dz}{dt}&=\frac{\partial z}{\partial x}\frac{dx}{dt}+\frac{\partial z}{\partial y}\frac{dy}{dt}\\&=\frac{1}{\sqrt{1-(x-y)^2}}\times3+\frac{1}{\sqrt{1-(x-y)^2}}\times(-1)\times8t\\&=\frac{3-8t}{\sqrt{1-(3t-4t^2)^2}}\end{aligned}$$

7.4.1.2　多个中间变量多个自变量的情形

定理 8 如果函数 $u=\varphi(x,y)$，$v=\psi(x,y)$ 都在点 (x,y) 具有对 x 及 y 的偏导数，函数 $z=f(u,v)$ 在对应点 (u,v) 具有连续偏导数，则复合函数 $z=f[\varphi(x,y),\psi(x,y)]$ 在点 (x,y) 的两个偏导数存在，且有 $\frac{\partial z}{\partial x}=\frac{\partial z}{\partial u}\frac{\partial u}{\partial x}+\frac{\partial z}{\partial v}\frac{\partial v}{\partial x}$，$\frac{\partial z}{\partial y}=\frac{\partial z}{\partial u}\frac{\partial u}{\partial y}+\frac{\partial z}{\partial v}\frac{\partial v}{\partial y}$.

推广：设 $z=f(u,v,w)$，$u=\varphi(x,y)$，$v=\psi(x,y)$，$w=\omega(x,y)$，则

$$\frac{\partial z}{\partial x}=\frac{\partial z}{\partial u}\cdot\frac{\partial u}{\partial x}+\frac{\partial z}{\partial v}\cdot\frac{\partial v}{\partial x}+\frac{\partial z}{\partial w}\cdot\frac{\partial w}{\partial x},\quad\frac{\partial z}{\partial y}=\frac{\partial z}{\partial u}\cdot\frac{\partial u}{\partial y}+\frac{\partial z}{\partial v}\cdot\frac{\partial v}{\partial y}+\frac{\partial z}{\partial w}\cdot\frac{\partial w}{\partial y}.$$

例 7-13 设 $z=v^2\cos u$，$u=xy$，$v=x+y$，求 $\frac{\partial z}{\partial x}$ 和 $\frac{\partial z}{\partial y}$.

【解】

$$\begin{aligned}\frac{\partial z}{\partial x}&=\frac{\partial z}{\partial u}\frac{\partial u}{\partial x}+\frac{\partial z}{\partial v}\frac{\partial v}{\partial x}=-v^2\sin u\cdot y+2v\cos u\cdot 1\\&=2(x+y)\cos(xy)-y(x+y)^2\sin(xy)\end{aligned}$$

$$\frac{\partial z}{\partial y}=\frac{\partial z}{\partial u}\frac{\partial u}{\partial y}+\frac{\partial z}{\partial v}\frac{\partial v}{\partial y}=-v^2\sin u\cdot x+2v\cos u\cdot 1$$

$=2(x+y)\cos(xy)-x(x+y)^2\sin(xy)$

7.4.1.3 既是中间变量有是自变量的情形

定理 9 如果函数 $u=\varphi(x, y)$ 在点 (x, y) 具有对 x 及对 y 的偏导数，函数 $z=f(u, y)$ 在对应点 (u, v) 具有连续偏导数，则复合函数 $z=f[\varphi(x, y), y]$ 在点 (x, y) 的两个偏导数存在，且有 $\frac{\partial z}{\partial x}=\frac{\partial f}{\partial x}+\frac{\partial f}{\partial u}\frac{\partial u}{\partial x}$，$\frac{\partial z}{\partial y}=\frac{\partial f}{\partial y}+\frac{\partial f}{\partial u}\frac{\partial u}{\partial y}$.

这里 $\frac{\partial z}{\partial y}$ 和 $\frac{\partial f}{\partial y}$ 不同，$\frac{\partial z}{\partial y}$ 表示固定 x 对 y 求偏导，$\frac{\partial f}{\partial y}$ 表示固定 u 对 y 求偏导.

例 7-14 设 $z=f(x, v)=x\sin v+2x^2+e^v$，$v=x^2+y^2$，求 $\frac{\partial z}{\partial x}$.

【解】 $\frac{\partial z}{\partial x}=\frac{\partial f}{\partial x}+\frac{\partial f}{\partial v}\frac{\partial y}{\partial x}=\sin v+4x+(x\cos v+e^v)\cdot 2x$

$=\sin(x^2+y^2)+4x+2x^2\cos(x^2+y^2)+2xe^{(x^2+y^2)}$.

7.4.2 隐函数的求导法则

7.4.2.1 一元隐函数求导公式

定理 10 设函数 $F(x, y)$ 在点 $P(x_0, y_0)$ 的某一邻域内具有连续偏导数，$F(x_0, y_0)=0$，$F_y(x_0, y_0)\neq 0$，则方程 $F(x, y)=0$ 在点 $P(x_0, y_0)$ 的某一邻域内恒能唯一确定一个连续且具有连续导数的函数 $y=f(x)$，它满足条件 $y_0=f(x_0)$，并有 $\frac{\mathrm{d}y}{\mathrm{d}x}=-\frac{F_x}{F_y}$.

求导公式推导如下：

将 $y=f(x)$ 代入 $F(x, y)=0$，得恒等式 $F(x, f(x))=0$，等式两边对 x 求导得 $\frac{\partial F}{\partial x}+\frac{\partial F}{\partial y}\frac{\mathrm{d}y}{\mathrm{d}x}=0$，由于 F_y 连续，且 $F_y(x_0, y_0)\neq 0$，所以存在 $P(x_0, y_0)$ 的一个邻域，在这个邻域为 $F_y\neq 0$，于是得 $\frac{\mathrm{d}y}{\mathrm{d}x}=-\frac{F_x}{F_y}$.

例 7-15 验证方程 $x^2+y^2-1=0$ 在点 $(0, 1)$ 的某一邻域内能唯一确定一个有连续导数、当 $x=0$ 时 $y=1$ 的隐函数 $y=f(x)$，并求此函数的一阶导数在 $x=0$ 的值.

【解】 设 $F(x, y)=x^2+y^2-1$，则 $F_x=2x$，$F_y=2y$，$F(0, 1)=0$，$F_y(0, 1)=2\neq 0$，因此由定理 10 可知，方程 $x^2+y^2-1=0$ 在点 $(0, 1)$ 的某一邻域内能唯一确定一个有连续导数、当 $x=0$ 时 $y=1$ 的隐函数 $y=f(x)$，且 $\left.\frac{\mathrm{d}y}{\mathrm{d}x}\right|_{\substack{x=0\\y=1}}=-\left.\frac{F_x}{F_y}\right|_{\substack{x=0\\y=1}}=-\left.\frac{2x}{2y}\right|_{\substack{x=0\\y=1}}=0$.

隐函数存在定理还可以推广到多元函数．一个二元方程 $F(x, y)=0$ 可以确定一个一元隐函数，一个三元方程 $F(x, y, z)=0$ 可以确定一个二元隐函数．

7.4.2.2　二元隐函数求导公式

定理 11　设函数 $F(x, y, z)$ 在点 $P(x_0, y_0, z_0)$ 的某一邻域内具有连续的偏导数，且 $F(x_0, y_0, z_0)=0$，$F_z(x_0, y_0, z_0)\neq 0$，则方程 $F(x, y, z)=0$ 在点 (x_0, y_0, z_0) 的某一邻域内恒能唯一确定一个连续且具有连续偏导数的函数 $z=f(x, y)$，它满足条件 $z_0=f(x_0, y_0)$，并有 $\dfrac{\partial z}{\partial x}=-\dfrac{F_x}{F_z}$，$\dfrac{\partial z}{\partial y}=-\dfrac{F_y}{F_z}$.

公式的推导如下：

将 $z=f(x, y)$ 代入 $F(x, y, z)=0$，得 $F(x, y, f(x, y))=0$，将上式两端分别对 x 和 y 求导，得 $F_x+F_z\cdot\dfrac{\partial z}{\partial x}=0$，$F_y+F_z\cdot\dfrac{\partial z}{\partial y}=0$.

因为 F_z 连续且 $F_z(x_0, y_0, z_0)\neq 0$，所以存在点 (x_0, y_0, z_0) 的一个邻域，使 $F_z\neq 0$，于是得 $\dfrac{\partial z}{\partial x}=-\dfrac{F_x}{F_z}$，$\dfrac{\partial z}{\partial y}=-\dfrac{F_y}{F_z}$.

例 7-16　设 $x^3+y^3+z^3-5z=0$，求 $\dfrac{\partial z}{\partial x}$，$\dfrac{\partial z}{\partial y}$.

【解】　$F_x=3x^2$，$F_y=3y^2$，$F_z=3z^2-5$.

因此

$$\frac{\partial z}{\partial x}=-\frac{F_x}{F_z}=\frac{3x^2}{5-3z^2},\quad \frac{\partial z}{\partial y}=-\frac{F_y}{F_z}=\frac{3y^2}{5-3z^2}.$$

习题 7.4

1. 设 $z=u^2+v^2$，$u=x+y$，$v=x-y$，求 $\dfrac{\partial z}{\partial x}$，$\dfrac{\partial z}{\partial y}$.

2. 设 $z=\arctan(xy)$，$y=\mathrm{e}^x$，求 $\dfrac{\mathrm{d}z}{\mathrm{d}x}$.

3. 设 $z=\mathrm{e}^{x-2y}$，$x=\sin t$，$y=t^3$，求 $\dfrac{\mathrm{d}z}{\mathrm{d}t}$.

4. 设 $\tan y+\mathrm{e}^x-xy^3=0$，求 $\dfrac{\mathrm{d}y}{\mathrm{d}x}$.

5. 设 $x+2y+3z-2\sqrt{xyz}=0$，求 $\dfrac{\partial z}{\partial x}$，$\dfrac{\partial z}{\partial y}$.

6. 设 $z=xy+xF(v)$，其中 $v=\dfrac{y}{x}$，$F(v)$ 为可导函数，证明：$x\dfrac{\partial z}{\partial x}+y\dfrac{\partial z}{\partial y}=z+xy$.

7.5 多元函数的极值及其求法

在实际问题中，往往会遇到多元函数的最值问题．与一元函数类似，多元函数的最值与它的极值有关系，因此我们先来讨论多元函数的极值问题．

7.5.1 极值的概念

定义 16 设函数 $z=f(x, y)$ 在点 (x_0, y_0) 的某个邻域内有定义，如果对于该邻域内任何异于 (x_0, y_0) 的点 (x, y)，都有 $f(x, y)<f(x_0, y_0)$（或 $f(x, y)>f(x_0, y_0)$），则称函数在点 (x_0, y_0) 有极大值（或极小值）$f(x_0, y_0)$．

极大值、极小值统称为极值．使函数取得极值的点称为极值点．

例 7-17 函数 $z=(x-5)^2+(y-4)^2+6$ 在点 $(5, 4)$ 处有极小值．

当 $(x, y)=(5, 4)$ 时，$z=6$. 而当 $(x, y)\neq(5, 4)$ 时，$z>6$. 因此 $z=6$ 是函数的极小值．

例 7-18 函数 $z=9-\sqrt{x^2+y^2}$ 在点 $(0, 0)$ 处有极大值．

当 $(x, y)=(0, 0)$ 时，$z=9$. 而当 $(x, y)\neq(0, 0)$ 时，$z<9$. 因此 $z=9$ 是函数的极大值．

例 7-19 函数 $z=xy$ 在点 $(0, 0)$ 处既不取得极大值也不取得极小值．

因为在点 $(0, 0)$ 处的函数值为零，而在点 $(0, 0)$ 的任一邻域内，总有使函数值为正的点，也有使函数值为负的点．

以上关于二元函数的极值概念，可推广到 n 元函数．设 n 元函数 $u=f(P)$ 在点 P_0 的某一邻域内有定义，如果对于该邻域内任何异于 P_0 的点 P，都有 $f(P)<f(P_0)$（或 $f(P)>f(P_0)$），则称函数 $f(P)$ 在点 P_0 有极大值（或极小值）$f(P_0)$.

定理 12（必要条件） 设函数 $z=f(x, y)$ 在点 (x_0, y_0) 具有偏导数，且在点 (x_0, y_0) 处有极值，则有 $f_x(x_0, y_0)=0$，$f_y(x_0, y_0)=0$.

从定理 12 可知，具有偏导数的函数的极值点必定是驻点，但函数的驻点不一定是极值点．

定理 13（充分条件） 设函数 $z=f(x, y)$ 在点 (x_0, y_0) 的某邻域内连续且有一阶及二阶连续偏导数，又 $f_x(x_0, y_0)=0$，$f_y(x_0, y_0)=0$，令 $f_{xx}(x_0, y_0)=A$，$f_{xy}(x_0, y_0)=B$，$f_{yy}(x_0, y_0)=C$，则 $z=f(x, y)$ 在 (x_0, y_0) 处是否取得极值的条件如下：

(1) $AC-B^2>0$ 时具有极值，且当 $A<0$ 时有极大值，当 $A>0$ 时有极小值；

(2) $AC-B^2<0$ 时没有极值；

(3) $AC-B^2=0$ 时可能有极值，也可能没有极值．

极值的求法：

第一步：解方程组 $f_x(x, y)=0$，$f_y(x, y)=0$，求得一切实数解，即可得一切驻点；

第二步：对于每一个驻点 (x_0, y_0)，求出二阶偏导数的值 A，B 和 C；

第三步：定出 $AC-B^2$ 的符号，按定理 13 的结论判定 $f(x_0, y_0)$ 是否是极值，如果是极值，是极大值还是极小值．

例 7-20 求函数 $z=1-x^2-y$ 的极值．

【解】 解方程组 $\begin{cases} z_x=-2x=0 \\ z_y=-2y=0 \end{cases}$，求得 $x=0$，$y=0$．于是得驻点为 $(0, 0)$．

再求出二阶偏导数

$$f_{xx}=-2,\ f_{xy}=0,\ f_{yy}=-2.$$

在点 $(0, 0)$ 处，$AC-B^2>0$，又 $A<0$，所以函数在 $(0, 0)$ 处有极大值 $f(0, 0)=1$．

例 7-21 想要做一个体积为 V 的长方体游泳池．问当长、宽、高各取多少时，才能使用料最省？

【解】 设水箱的长为 x，宽为 y，则其高应为 $\frac{V}{xy}$．此游泳池所用材料的面积为 $S=xy+2\left(\frac{V}{xy}\cdot x+\frac{V}{xy}\cdot y\right)$ $(x>0, y>0)$

令 $S_x=-\frac{2V}{x^2}+y=0$，$S_y=-\frac{2V}{y^2}+x=0$，得 $x=\sqrt[3]{2V}$，$y=\sqrt[3]{2V}$．

根据题意可知，游泳池所用材料面积的最小值一定存在，并在开区域 $D=\{(x, y) \mid x>0, y>0\}$ 内取得．因为面积函数 S 在 D 内只有一个驻点，所以，此驻点一定是 S 的最小值点，即当水箱的长为 $\sqrt[3]{2V}$，宽为 $\sqrt[3]{2V}$，高为 $2^{-\frac{2}{3}}V^{\frac{1}{3}}$ 时，游泳池所用的材料最省．

7.5.2　条件极值(拉格朗日乘数法)

在上述极值问题中，除了给出函数的定义域外，对函数本身并无其他的限制条件，这一类问题称为无条件极值．然而在实际问题中，除了给出函数的定义域外，往往还有其他的附加条件，这类极值问题称为条件极值．

例如，求表面积为 S 而体积为最大的圆柱体的体积问题．设圆柱体的底面圆的半径为 r，高为 h，体积 $V=\pi r^2h$．又因假定表面积为 S，所以自变量 r，h 还必须满足附加条件 $S=2\pi rh$.

这个问题就是求函数 $V=\pi r^2h$ 在条件 $S=2\pi rh$ 下的最大值问题，这是一个条件极值问题．

对于有些实际问题，可以把条件极值问题化为无条件极值问题．

例如上述问题，由条件 $S=2\pi rh$，解得 $V=\pi\left(\frac{S}{2\pi h}\right)^2h$，于是得 $V=\frac{S^2}{4\pi h}$．只需求 V 的无

条件极值问题．

在很多情形下，将条件极值化为无条件极值并不容易．需要另一种求条件极值的专用方法，这就是拉格朗日乘数法．

现在我们来寻求函数 $z=f(x,\ y)$ 在条件 $\varphi(x,\ y)=0$ 下取得极值的必要条件．

如果函数 $z=f(x,\ y)$ 在 $(x,\ y)$ 取得所求的极值，那么有 $\varphi(x,\ y)=0$.

假定在 $(x,\ y)$ 的某一邻域内 $f(x,\ y)$ 与 $\varphi(x,\ y)$ 均有连续的一阶偏导数，而 $\varphi_y(x,\ y)\neq 0$. 由隐函数存在定理，由方程 $\varphi(x,\ y)=0$ 确定一个连续且具有连续导数的函数 $y=\psi(x)$，将其代入目标函数 $z=f(x,\ y)$，得一元函数 $z=f[x,\ \psi(x)]$. 于是 x 是一元函数 $z=f[x,\ \psi(x)]$ 的极值点，由取得极值的必要条件，有 $\dfrac{dz}{dx}=f_x+f_y\dfrac{dy}{dx}=0$.

又因为 $\dfrac{dy}{dx}=-\dfrac{\varphi_x}{\varphi_y}$，所以 $f_x-f_y\dfrac{\varphi_x}{\varphi_y}=0$.

令 $\dfrac{f_x}{\varphi_x}=\dfrac{f_y}{\varphi_y}=-\lambda$，则极值点必满足以下条件

$$\begin{cases} f_x+\lambda\varphi_x=0, \\ f_y+\lambda\varphi_y=0, \\ \varphi(x,\ y)=0. \end{cases}$$

若引进辅助函数 $F(x,\ y)=f(x,\ y)+\lambda\varphi(x,\ y)$，则不难发现条件极值必满足的条件是 $F_x=0$，$F_y=0$. 函数 $F(x,\ y)$ 称为拉格朗日函数，λ 为拉格朗日乘子．

由以上讨论可得条件极值求法：

拉格朗日乘数法　要找函数 $z=f(x,\ y)$ 在条件 $\varphi(x,\ y)=0$ 下的可能极值点，可以先构造辅助函数 $F(x,\ y)=f(x,\ y)+\lambda\varphi(x,\ y)$，其中 λ 为某一常数．然后解方程组

$$\begin{cases} F_x=f_x(x,\ y)+\lambda\varphi_x(x,\ y)=0, \\ F_y=f_y(x,\ y)+\lambda\varphi_y(x,\ y)=0,. \\ F_\lambda=\varphi(x,\ y)=0. \end{cases}$$

由这方程组解出 x，y 及 λ，则其中 $(x,\ y)$ 就是所要求的可能的极值点．

例 7-22　求表面积为 a^2 而体积为最大的长方体的体积．

【解】　设长方体的三棱的长为 x，y，z，则问题就是在条件 $2(xy+yz+xz)=a^2$ 下求函数 $V=xyz$ 的最大值．

构成辅助函数 $F(x,\ y,\ z)=xyz+\lambda(2xy+2yz+2xz-a^2)$，解方程组

$$\begin{cases} F_x=yz+\lambda(2y+2z)=0, \\ F_y=xz+\lambda(2x+2z)=0, \\ F_z=xy+\lambda(2y+2x)=0, \\ F_\lambda=2xy+2yz+2xz-a^2=0. \end{cases}$$

得 $x=y=z=\dfrac{\sqrt{6}}{6}a$，这是唯一可能的极值点．因为由问题本身可知最大值一定存在，所以最大值就在这个可能的极值点处取得．此时最大值为$\dfrac{\sqrt{6}}{36}a^3$.

习题 7.5

1. 求函数 $f(x,\ y)=4(x-y)-x^2-y^2$ 的极值．
2. 求函数 $f(x,\ y)=(6x-x^2)(4y-y^2)$ 的极值．
3. 求函数 $z=1-x^2-y^2$ 在条件 $x+y=8$ 下的极值．
4. 将 12 分成三个正数 x，y，z，使得 $u=x^3y^2z$ 最大．

复习题 7

1. 求函数 $f(x,\ y)=\dfrac{\sqrt{4x-y^2}}{\ln(1-x^2-y^2)}$的定义域，并求极限 $\lim\limits_{(x,y)\to(\frac{1}{2},0)} f(x,\ y)$.

2. 证明极限 $\lim\limits_{(x,y)\to(0,0)} \dfrac{xy}{x^2+y^2}$不存在．

3. 求下列函数的一阶和二阶偏导函数．

(1) $z=\arcsin(xy)$；　　　　(2) $z=\ln(x+\sqrt{x^2+y^2})$.

4. 设 $u=x^y$，$x=\tan t$，$y=t^3+\ln t$ 都是可微函数，求$\dfrac{\mathrm{d}u}{\mathrm{d}t}$.

5. 已知方程 $x+y^2-z=\mathrm{e}^z$ 确定的隐函数 $z=z(x,\ y)$，求$\dfrac{\partial z}{\partial x}$和$\dfrac{\partial z}{\partial y}$.

6. 已知方程 $x^3+y^3+z^3+xyz=6$ 确定的隐函数 $z=z(x,\ y)$，求$\dfrac{\partial z}{\partial x}$和$\dfrac{\partial z}{\partial y}$.

7. 设 $u=xy\mathrm{e}^{\frac{x}{y}}$，求全微分 $\mathrm{d}u$.

8. 求函数 $f(x,\ y)=\dfrac{1}{2}-\sin(x^2+y^2)$ 的极值．

9. 求函数 $f(x,\ y)=x^2-xy+y^2-2x+y$ 的极值．

10. 求函数 $f(x,\ y)=\mathrm{e}^{2x}(x+y^2+2y)$ 的极值．

11. 现用铁板做成一个表面积为 72 的无盖长方体水箱，问长、宽、高各为多少时，体积最大？并求最大体积．

学海乐园　祖冲之简介

祖冲之，我国南北朝时代南朝的科学家，字文远．南朝宋时主持华林学省，后任南徐州迎从事．他推算出圆周率的值在 3.1415926 和 3.1415927 之间，并提出其率 355/113，此两者领先世界其他国家约一千年．他编制的大明历，其日月运行周期的数据比其他历法更为准确．撰驳议，坚持真理，反对虚推古人．又曾改造指南车，作水碓磨、千里船等，都很机巧．其子祖暅，也是数学家，与他共同求出球体积的准确公式，提出祖氏原理．数学著作有《缀术》和《九章术义》，都已失传．

祖冲之在小时候就十分爱好天文学．他研究天文，最大的成就是准确测出冬至出现的时刻．祖冲之在古法基础上加以改进，他观测冬至前后近一个月的日影长度之后再取它们的平均值，以求出冬至始发的时期和时刻．祖冲之用这种方法测定的冬至日，算出了回归年的长度是 365.24281481 天，这个数据与现代科学所测量的结果相差不到一天．

祖冲之最大的成就是对圆周率的研究．许多数学家都推算过圆周率，但却不够精确．刘微算出的圆周率是 3.14，祖冲之沿着刘徽的路子继续研究，熬过了无数个不眠之夜，才把圆周率推算到小数点之后 7 位．

祖冲之的这个结论值得我们自豪，因为它一直处于世界领先地位．直到 15 世纪，阿拉伯人才把圆周率推算到 17 位有效数字，超过了祖冲之．

祖冲之不仅在天文、数学方面成绩突出，而且还发明创造了许多工具．他在娄县当县令时，发明了利用水灌溉的工具——水碓子，当试验成功后，老百姓都欢呼雀跃起来，说县老爷为我们办了一件大好事！祖冲之还利用齿轮转动的原理，把船上的桨改成了桨轮，又参照用脚踏动水车，造了桨轮船，又称车船．祖冲之的这些发明创造，在当时是十分先进的，甚至在世界上也是领先的．

祖冲之的一生在天文、数学等多个领域都作出了突出贡献．他的许多研究成果，至今仍被广泛应用，他的许多思想理论，对后世产生了深远影响．

第七章　多元函数微分学练习题

第 8 章 二重积分

以前我们学过一元函数的积分学，从中了解到定积分是某种形式的和的极限．这种和的极限可以推广到定义在区域，曲线，曲面上的多元函数的情形，便得到重积分，曲线积分，曲面积分，本章只讲二重积分的概念及其计算方法和它的一些应用．

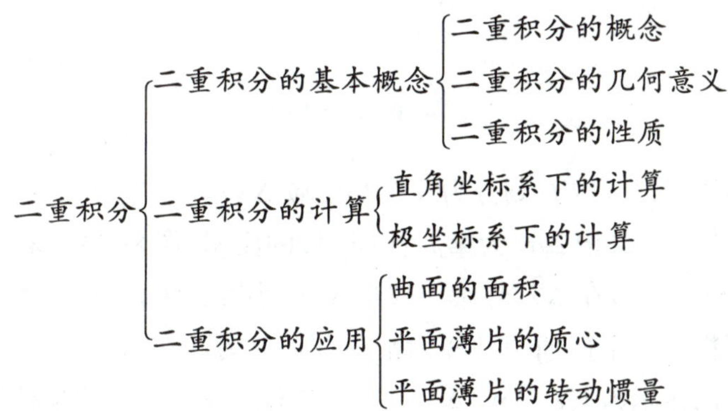

中国现代先驱熊庆来

熊庆来(1893—1969)，字迪之，云南弥勒人，18 岁考入云南省高等学堂，20 岁赴比利时学采矿，后到法国留学，并获博士学位．他主要从事函数论方面的研究，定义了一个“无穷级数”，国际上称为“熊氏无穷数”．熊庆来热爱教育事业，为中国科学人才的培养，作出了卓越贡献．他于 1921 年回国后创办了东南大学(现南京大学)数学系，主持了清华大学数学系工作并创办了清华大学数学系研究部，这期间他培养了一批中国现代杰出的数学家，如华罗庚、庄圻泰等．还是中国数学学会的主要发起人之一．

8.1 二重积分的概念与性质

8.1.1 二重积分的概念

引例 1 设 $z=f(x, y)$ 是定义在有界区域性 D 上的非负连续函数．我们称曲面 $z=f(x, y)$，xOy 平面上的区域 D 和准线为 D 的边界，母线平行于 z 轴的柱体所围成的立体为曲顶柱体(图 8-1)．现在的问题是求这个曲顶柱体的体积 V.

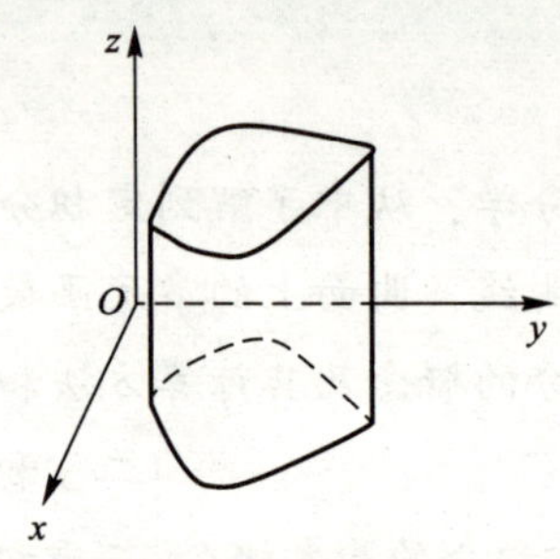

图 8-1 曲顶柱体

首先用一组曲线网把区域 D 划分为 n 个小区域 $\Delta_i(i=1, 2, \cdots, n)$，这样就把原柱体分为 n 个小曲顶柱体 V_i. 又记 $\Delta\sigma_i$ 为第 i 个小区域的面积(图 8-2)，λ_i 为 $\Delta\sigma_i$ 的直径，对于 $\Delta\sigma_i$ 来说，由于 $f(x, y)$ 在 $\Delta\sigma_i$ 连续．故当 λ_i 很小时，$f(x, y)$ 在 $\Delta\sigma_i$ 上各点的函数值近似相等，从而可视 $\Delta\sigma_i$ 上的曲顶柱体为平顶柱体，为此在 $\Delta\sigma_i$ 中任意一个以 $f(\xi_i, \eta_i)$ 为高的小平顶柱体的体积为 $f(\xi_i, \eta_i)\Delta\sigma_i$. 并用它来代替这个小曲顶柱体的体积 V_i，把所有这些小平顶柱体的体积加起来便得曲顶柱体的体积的近似值：

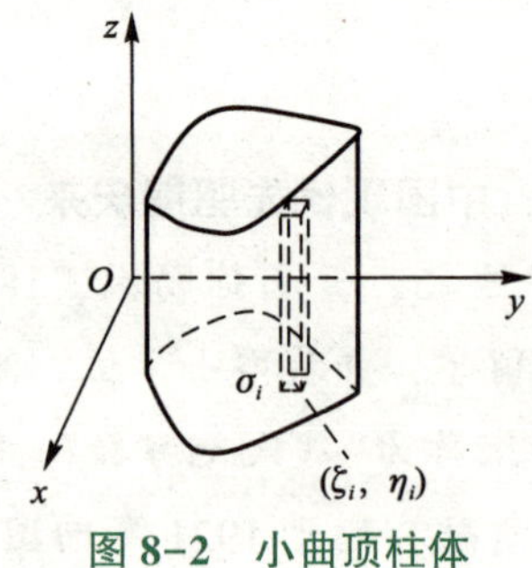

图 8-2 小曲顶柱体

$$V=\sum_{i=1}^{n} V_i \approx \sum_{i=1}^{n} f(\xi_i \cdot \eta_i)\Delta\sigma_i$$

最后，令 n 个小区域的直径的最大值(记作 λ)趋于零时，求得上式和的极限．该极限

为曲顶柱体的体积 V，$\sum_{i=1}^{n} f(\xi_i \cdot \eta_i)\Delta\sigma_i \to V$，即 $V=\lim_{\lambda\to 0}\sum_{i=1}^{n} f(\xi_i, \eta_i)\Delta\sigma_i$.

引例 2 设薄片占有 xOy 平面上的区域 D，且在点 (x, y) 的 D 上的面密度为 $\rho(x, y)>0$. 求该平面薄片的质量 M.

如果 $\rho(x, y)$ 为常数 ρ，那么该薄片的质量为 $\rho\times s$.

当 $\rho(x, y)$ 不是常数时其求法同引例 1 相符.

首先，把该薄片划分为 n 小块 $\Delta\sigma_i(i=1, 2\cdots n)$（图 8-3），当 $\Delta\sigma_i$ 直径 λ_i 很小时，由于 $\rho(x, y)$ 在 $\Delta\sigma_i$ 上连续，可视每小块为均匀薄片. 在 $\Delta\sigma_i$ 上任取一点 (ξ_i, η_i)，则每一块的质量近似为 $\rho(\xi_i, \eta_i)\Delta\sigma_i$. 进一步：用 $\sum_{i=1}^{n} P(\xi_i, \eta_i)\Delta\sigma_i$ 代替整个薄片的质量. 且当 $\lambda=\text{Max}\{\lambda_i\}\to 0$ 时，有 $M=\lim_{\lambda\to 0}\sum_{i=1}^{n}\rho(\xi_i, \eta_i)\Delta\sigma_i$.

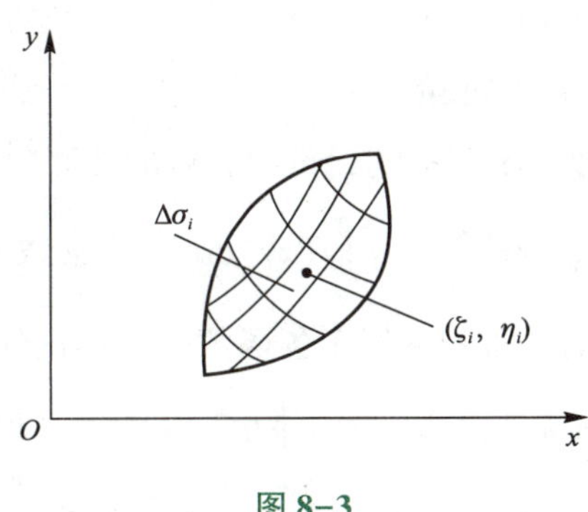

图 8-3

由引例知求曲顶柱体的体积，及平面薄片的质量总是通过：①分割；②近似代替；③求和；④取极限这四个步骤得到的. 这种方式我们在求曲边梯形的面积时就遇到过，而现在所不同的是对象为定义在平面区域 D 的二元函数，这就是二重积分的实际背景.

定义 设 $f(x, y)$ 为定义在有界闭区域 D 上的有界函数，用光滑的曲线网把 D 任意分成 n 个小区域：$\Delta\sigma_1$，$\Delta\sigma_2$，…，$\Delta\sigma_n$，其中 $\Delta\sigma_i$ 表示第 i 区域，也表示它的面积，以 λ_i 表示 $\Delta\sigma_i$ 的直径，在每一个 $\Delta\sigma_i$ 上任取一点 (ξ_i, η_i)，作乘积并求和 $\sum_{i=1}^{n} f(\xi_i, \eta_i)\Delta\sigma_i$，令 $\lambda=max\{\lambda_i\}$，若极限 $\lim_{\lambda\to 0}\sum_{i=1}^{n} f(\xi_i, \eta_i)\Delta\sigma_i$ 存在，且与闭区域的分法无关，则称该极限为函数 $f(x, y)$ 在 D 上的二重积分，记作 $\iint_D f(x, y)\,\mathrm{d}\sigma$，即 $\iint_D f(x, y)\,\mathrm{d}\sigma=\lim_{\lambda\to 0}\sum_{i=1}^{n} f(\xi_i, \eta_i)\Delta\sigma_i$.

其中 $f(x, y)$ 称为被积函数，$f(x, y)\,\mathrm{d}\sigma$ 称为积分表达式，$\mathrm{d}\sigma$ 称为面积元素，x，y 称为积分变量，D 称为积分区域.

8.1.2 二重积分的几何意义

有二重积分的定义，引例 1 中曲顶柱体的体积 V 就是曲顶 $f(x, y)$ 在底面 D 上的二重积分 $\iint\limits_D f(x, y)\mathrm{d}\sigma$. 显然，当 $f(x, y)>0$ 时，二重积分 $\iint\limits_D f(x, y)\mathrm{d}\sigma$ 就是曲顶柱体的体积；当 $f(x, y)<0$，二重积分 $\iint\limits_D f(x, y)\mathrm{d}\sigma$ 就是曲顶柱体的体积的相反数；若 $f(x, y)$ 在区域 D 上有正有负，则二重积分 $\iint\limits_D f(x, y)\mathrm{d}\sigma$ 等于部分区域上曲顶柱体的体积的代数和.

8.1.3 二重积分的性质

二重积分与定积分有着类似的性质.

设 $f(x, y)$，$g(x, y)$ 在 D 上可积.

性质 1　被积函数的常数因子可提到二重积分号的外面：

$$\iint\limits_D kf(xy)\mathrm{d}\sigma = k\iint\limits_D f(xy)\mathrm{d}\sigma\ (k \text{ 为常数}).$$

性质 2　函数的和(差)的二重积分等于各函数的二重积分的和(差).

$$\iint\limits_D [f(x, y) \pm g(x, y)]\mathrm{d}\sigma = \iint\limits_D f(x, y)\mathrm{d}\sigma \pm \iint\limits_D g(x, y)\mathrm{d}\sigma.$$

性质 3　若 $D=D_1\cup D_2\cup\cdots\cup D_n$，且 $D_i\cap D_j=\Phi$，那么

$$\iint\limits_D f(x, y)\mathrm{d}\sigma = \sum_{i=1}^{n}\iint\limits_{D_i} f(x, y)\mathrm{d}\sigma.$$

性质 4　当 $f(x, y)=1$ 时，σ 为 D 的面积，有 $\sigma=\iint\limits_D f(x, y)\mathrm{d}\sigma=\iint\limits_D \mathrm{d}\sigma$.

性质 5　如果在 D 上，有 $f(x, y)\leqslant g(x, y)$ 则有 $\iint\limits_D f(x, y)\mathrm{d}\sigma\leqslant\iint\limits_D g(x, y)\mathrm{d}\sigma$.

性质 6　$\left|\iint\limits_D f(x, y)\mathrm{d}\sigma\right|\leqslant\iint\limits_D |f(x, y)|\mathrm{d}\sigma$.

性质 7　若在 D 上有：$m\leqslant f(x, y)\leqslant M$，则有 $m\sigma\leqslant\iint\limits_D f(x, y)\mathrm{d}\sigma\leqslant M\sigma$（$\sigma$ 为 D 的面积）.

性质 8　（二重积分的中值定理）若 $f(x, y)$ 在闭区域 D 上连续，则至少存在一点 $(\xi, \eta)\in D$，使得：$\iint\limits_D f(x, y)\mathrm{d}\sigma=f(\xi, \eta)\sigma$，（$\sigma$ 是 D 的面积）.

习题 8.1

1. 设有一平面薄片，在 xOy 平面上形成闭区域 D，它在任意一点 (x, y) 处的面密度为 $\rho(x, y)$，且在 D 上 $\rho(x, y)$ 连续，试用二重积分表示该薄片的质量．

2. 试确定积分区域，使 $\iint\limits_{D}(4-x^2-3y^2)\mathrm{d}\sigma$ 达到最大值．

3. 比较 $\iint\limits_{D}(x+y)^2\mathrm{d}\sigma$ 与 $\iint\limits_{D}(x+y)^3\mathrm{d}\sigma$，其中 D 是由 x 轴，y 轴与直线 $x+y=1$ 围成．

8.2 二重积分的计算

按照二重积分的定义来计算二重积分，对极少数特别简单的被积函数和积分区域来说是可行的，但对一般的函数和区域，很难实现二重积分的计算．本章主要介绍将二重积分化成两个单积分来计算．

8.2.1 直角坐标系下二重积分的计算

由于二重积分的定义中对闭区域 D 是任意曲线网划分的，若用一组平行于坐标轴的直线来划分区域 D(图 8-4)，那么除了靠近边界曲线的一些小区域，绝大多数的小区域都是矩形，因此面积元素 $\mathrm{d}\sigma=\mathrm{d}x\mathrm{d}y$，此时二重积分记为 $\iint\limits_{D}f(x, y)\mathrm{d}x\mathrm{d}y$.

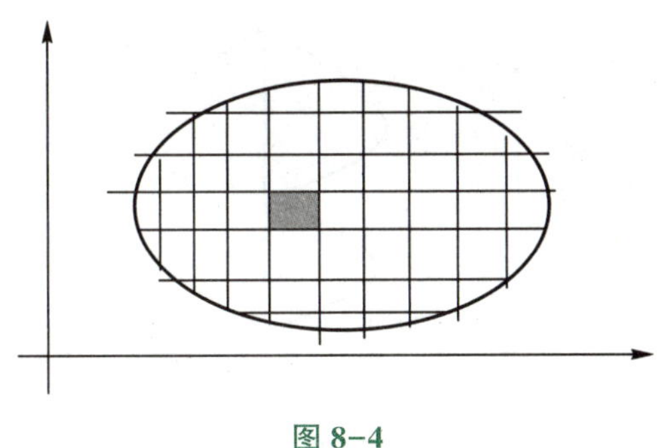

图 8-4

二重积分的值除了与被积函数 $f(x, y)$ 有关，还与积分区域 D 有关．通常积分区域分为两种：

(1) X 形区域(图 8-5)，即区域 D 可表示为 $D=\{(x, y)\,|\,a\leqslant x\leqslant b, \varphi_1(x)\leqslant y\leqslant\varphi_2(x)\}$．其特点：穿过区域 D 内部且与 y 轴平行的直线与区域 D 的边界曲线的交点不多于两个．

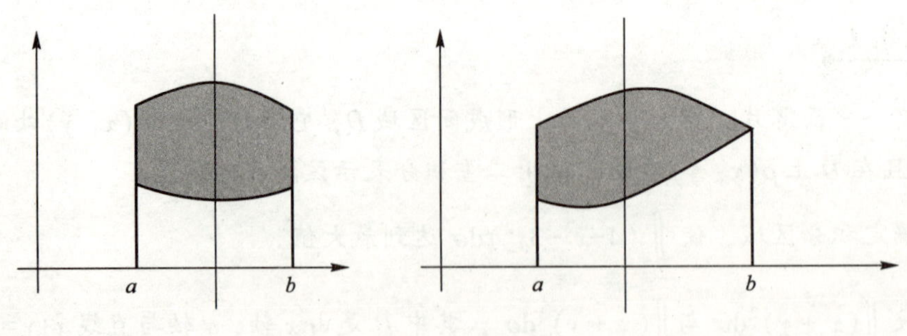

图 8-5　X 形区域

(2) Y 形区域(图 8-6)，即区域 D 可表示为 $D=\{(x, y) \mid c \leqslant y \leqslant d, \psi_1(y) \leqslant x \leqslant \psi_2(y)\}$. 其特点：穿过区域 D 内部且与 x 轴平行的直线与区域 D 的边界曲线的交点不多于两个.

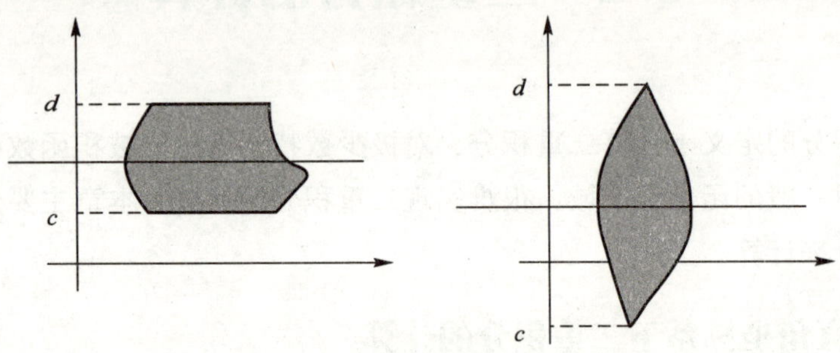

图 8-6　Y 形区域

(3)若积分区域既不是 X 形区域，又不是 Y 形区域(图 8-7 既不是 X 形区域，又不是 Y 形区域)，则可通过划分的方法，将 D 分成若干部分，使每一部分是 X 形区域或 Y 形区域.

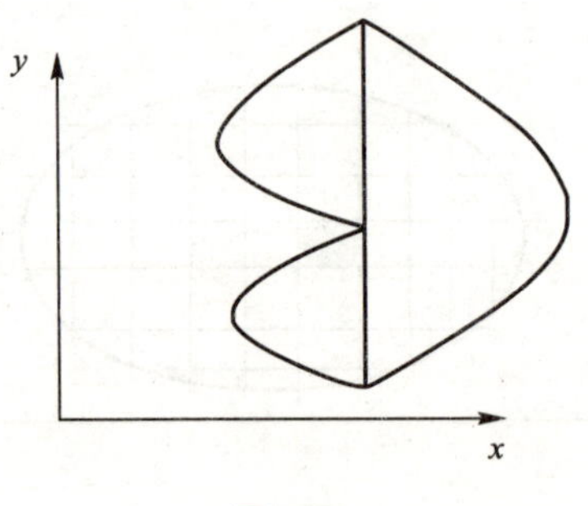

图 8-7

根据二重积分的几何意义，当 $f(x, y)>0$ 时，二重积分 $\iint\limits_D f(x, y)\,\mathrm{d}x\mathrm{d}y$ 的值就是以 $z=f(x, y)$ 为顶，D 为底的曲顶柱体的体积. 现利用"平行截面面积为已知的立体的体积"的计算，可得二重积分的计算方法.

下面以 X 形区域 D 上的曲顶柱体的体积为例，推导二重积分的计算方法. 设二元函

数 $z=f(x, y)$ 在 D 非负连续的 .

首先将区域 D 投影到 x 轴，得到 $x\in[a, b]$，则区域 D 可用不等式表示为 $D=\{(x, y)\mid a\leqslant x\leqslant b, \varphi_1(x)\leqslant y\leqslant\varphi_2(x)\}$. 在区间 $[a, b]$ 上任意取定一点 x_0，作平行于 yOz 平面的平面 $x=x_0$，该平面截得的平面是一个以 $[\varphi_1(x_0), \varphi_2(x_0)]$ 为底，以曲线 $z=f(x_0, y)$ 为顶的曲面梯形(图 8-8).

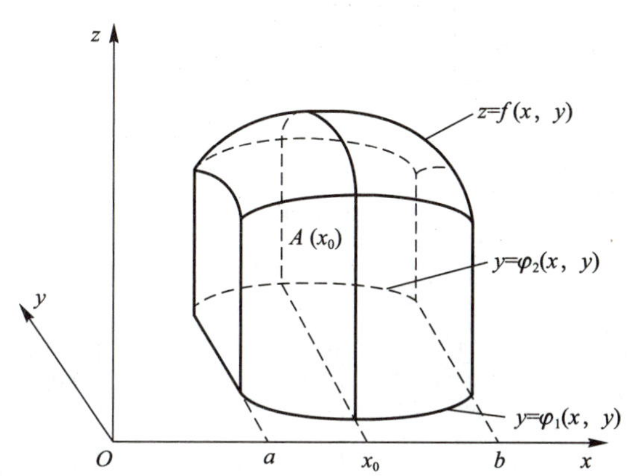

图 8-8 以曲线 $z=f(x_0, y)$ 为顶的曲面梯形

这时候曲顶柱体的体积可看成是已知平面截面面积的几何体的体积 .

其次利用定积分的几何意义可算出截面的面积 $A(x_0)=\int_{\varphi_1(x_0)}^{\varphi_2(x_0)}f(x_0, y)\mathrm{d}y$，由 x_0 的任意性，可得 $\forall x\in[a, b]$ 时，$A(x)=\int_{\varphi_1(x)}^{\varphi_2(x)}f(x, y)\mathrm{d}y$，因此曲顶柱体的体积为 $V=\int_a^b A(x)\mathrm{d}x=\int_a^b\int_{\varphi_1(x)}^{\varphi_2(x)}f(x, y)\mathrm{d}y\mathrm{d}x$.

最后可得结论 $\iint\limits_D f(x, y)\mathrm{d}\sigma=\int_a^b\int_{\varphi_1(x)}^{\varphi_2(x)}f(x, y)\mathrm{d}y\mathrm{d}x$. 此式右端的积分叫作先对 y、再对 x 的二次积分，它表示先将 x 看作常数，把 $f(x, y)$ 只看作关于 y 的一元函数，对 y 做从 $\varphi_1(x)$ 到 $\varphi_2(x)$ 的定积分，得到关于 x 的一元函数，再将此函数做从 a 到 b 的定积分 . 为了方便，二次积分也记作 $\int_a^b\mathrm{d}x\int_{\varphi_1(x)}^{\varphi_2(x)}f(x, y)\mathrm{d}y$. 即 $\iint\limits_D f(x, y)\mathrm{d}\sigma=\int_a^b\mathrm{d}x\int_{\varphi_1(x)}^{\varphi_2(x)}f(x, y)\mathrm{d}y$

上面假定了二元函数 $f(x, y)$ 在 D 上是非负的 . 事实上，只要 $f(x, y)$ 是连续函数，该二次积分都是成立的 .

同理，二元函数 $f(x, y)$ 在 D 上连续，且 D 为 Y 型区域，可表示为 $D=\{(x, y)\mid c\leqslant y\leqslant \mathrm{d}, \psi_1(y)\leqslant x\leqslant\psi_2(y)\}$，则有 $\iint\limits_D f(x, y)\mathrm{d}\sigma=\int_c^{\mathrm{d}}\int_{\psi_1(y)}^{\psi_2(y)}f(x, y)\mathrm{d}x\mathrm{d}y$.

例 8-1 计算 $\iint\limits_D\left(x+y+\frac{3}{2}\right)\mathrm{d}\sigma$，其中 $D=\{(x, y)\mid -1<x<1, 0<y<1\}$

【解】 如图 8-9 所示 D 既是 X 型区域，也是 Y 型区域，所以求解时两种二次积分都可以.

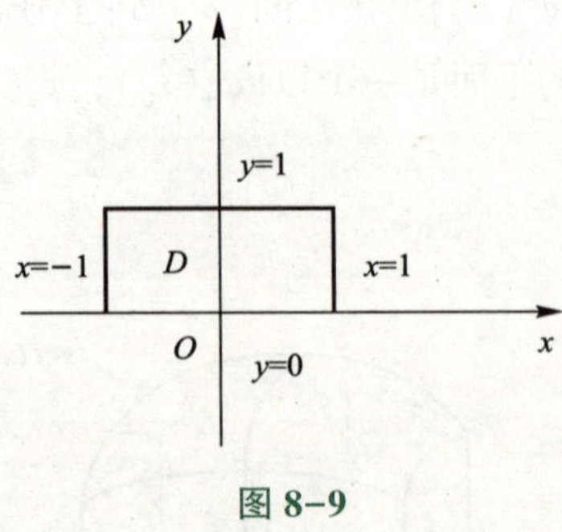

图 8-9

解法一：

$$\iint\left(x+y+\frac{3}{2}\right)\mathrm{d}\sigma=\int_{-1}^{1}\mathrm{d}x\int_{0}^{1}\left(x+y+\frac{3}{2}\right)\mathrm{d}y$$
$$=\int_{-1}^{1}\left(xy+\frac{1}{2}y^{2}+\frac{3}{2}y\right)\Big|_{0}^{1}\mathrm{d}x$$
$$=\int_{-1}^{1}(x+2)\,\mathrm{d}x$$
$$=\left(\frac{1}{2}x^{2}+2x\right)\Big|_{-1}^{1}$$
$$=4$$

解法二：

$$\iint\left(x+y+\frac{3}{2}\right)\mathrm{d}\sigma=\int_{0}^{1}\mathrm{d}y\int_{-1}^{1}\left(x+y+\frac{3}{2}\right)\mathrm{d}x$$
$$=\int_{0}^{1}\left(\frac{1}{2}x^{2}+xy+\frac{3}{2}x\right)\Big|_{-1}^{1}\mathrm{d}y$$
$$=\int_{0}^{1}(2y+3)\,\mathrm{d}y$$
$$=(y^{2}+3y)\Big|_{0}^{1}$$
$$=4$$

两种不同的积分次序积分结果都是一样的.

例 8-2 计算 $\iint\limits_{D}y\sqrt{1+x^{2}-y^{2}}\,\mathrm{d}\sigma$，其中 D 是由直线 $y=x$，$x=-1$ 和 $y=1$ 围成.

【解】 画出积分区域 D(图 8-10). D 既是 X 型区域，也是 Y 型区域.

采用 X 型区：

$$\iint\limits_{D}y\sqrt{1+x^{2}-y^{2}}\,\mathrm{d}\sigma=\int_{-1}^{1}\mathrm{d}x\int_{x}^{1}y\sqrt{1+x^{2}-y^{2}}\,\mathrm{d}y$$

$$=-\frac{1}{3}\int_{-1}^{1}(1+x^2-y^2)^{\frac{3}{2}}\Big|_x^1\mathrm{d}x$$

$$=-\frac{1}{3}\int_{-1}^{1}(|x|^3-1)\mathrm{d}x$$

$$=\frac{1}{2}$$

若利用 Y 型区域，则在计算关于 x 的积分时比较麻烦，不采取.

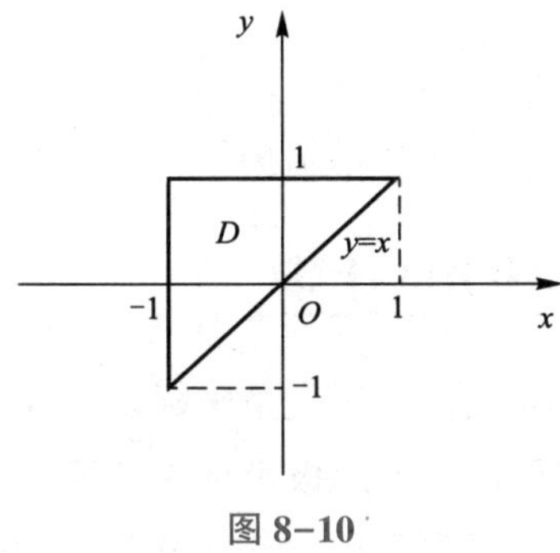

图 8-10

例 8-3 计算 $\iint\limits_D xy\mathrm{d}\sigma$，其中 D 是由抛物线 $y^2=x$ 及直线 $y=x-2$ 所围成的闭区域.

【解】 画出积分区域型 D(图 8-11).

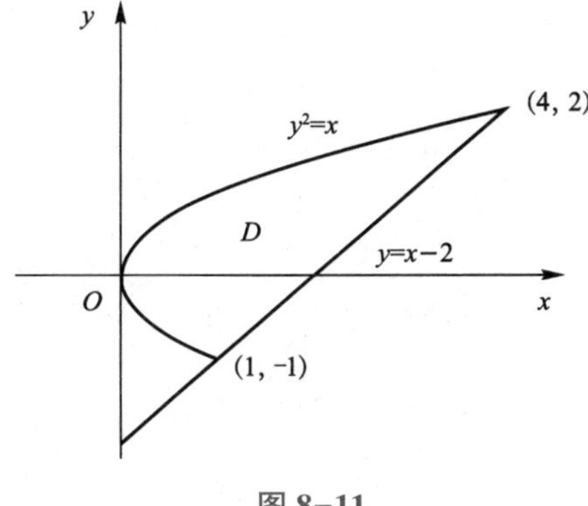

图 8-11

D 既是 X 型区域，也是 Y 型区域.

采用 Y 型区域:

$$\iint\limits_D xy\mathrm{d}\sigma=\int_{-1}^{2}\mathrm{d}y\int_{y^2}^{2+y}xy\mathrm{d}x$$

$$=\int_{-1}^{2}\frac{1}{2}yx^2\Big|_{y^2}^{2+y}\mathrm{d}y$$

$$=\frac{1}{2}\int_{-1}^{2}(4y+4y^2+y^3-y^5)\mathrm{d}y$$

$$=\frac{45}{8}$$

采用 X 型区域：

由于区间[0, 1]和[1, 4]上的 $\varphi_1(x)$ 的表达式不同，即 y 的最小值不在同一个表达式，所以要用经过交点(1, -1)且平行于 y 轴的直线 $x=1$ 将区域 D 分成两部分 D_1，D_2. 利用二重积分的性质可以将二重积分化为 $\iint\limits_D xy\mathrm{d}\sigma=\iint\limits_{D_1} xy\mathrm{d}\sigma+\iint\limits_{D_2} xy\mathrm{d}\sigma$，此时计算需要做两次二次积分.

以上几个例子表明，在化二重积分为二次积分时，为了计算简便，需要选择恰当的二次积分. 既要考虑积分区域，也要考虑被积函数.

8.2.2 极坐标系下二重积分的计算

对于一部分被积函数和积分区域，利用直角坐标系计算二重积分很困难，而在极坐标系下计算则比较简单. 这时我们可以考虑用极坐标来计算二重积分.

在极坐标系下计算二重积分，只需要将积分区域和被积函数化成极坐标表示即可. 因此分割积分区域时，用 ρ 为常数(一组圆心在极点的同心圆)和 θ 为常数(一组射点在极点的射线)的曲线网将区域 D 分成小区域 $\Delta\sigma$，如图 8-12 所示，设 $\Delta\sigma_i$ 是半径为 ρ_i 和 $\rho_i+\Delta\rho_i$ 的两个圆弧及极角为 θ_i 和 $\theta_i+\Delta\theta_i$ 的两条射线所围成的区域，其面积可近似地表示为 $\Delta\sigma\approx\rho\cdot\Delta\rho\cdot\Delta\theta$.

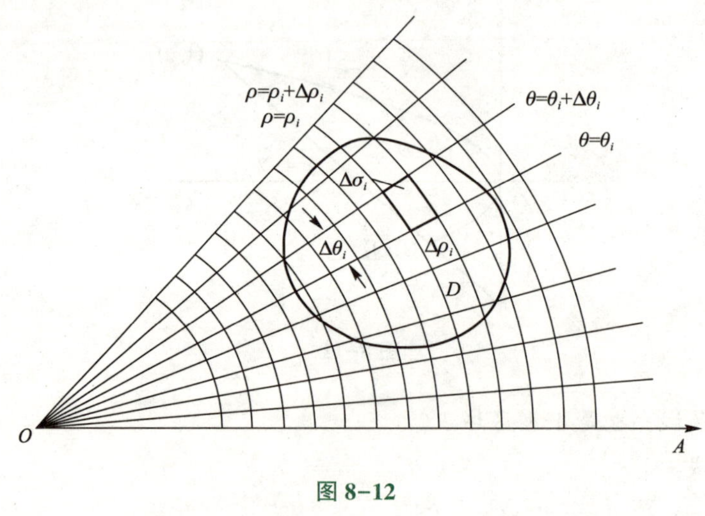

图 8-12

因此极坐标系下 $\mathrm{d}\sigma=\rho\mathrm{d}\rho\mathrm{d}\theta$，再分别用 $x=\rho\cos\theta$，$y=\rho\sin\theta$ 代入被积函数，于是得到二重积分在极坐标系下的二次积分 $\iint\limits_D f(x, y)\mathrm{d}\sigma=\iint\limits_{D'} f(\rho\cos\theta, \rho\sin\theta)\rho\mathrm{d}\rho\mathrm{d}\theta$

下面从三个方面讲解如何在极坐标系下将二重积分化为二次积分：

(1)极点 O 在区域 D 之外，D 是由 $\theta=\alpha$，$\theta=\beta$，$\rho=\rho_1(\theta)$ 和 $\rho=\rho_2(\theta)$ 围成，这时

$$\iint_D f(\rho\cos\theta, \rho\sin\theta)\rho d\rho d\theta=\int_\alpha^\beta d\theta\int_{\rho_1(\theta)}^{\rho_2(\theta)} f(\rho\cos\theta, \rho\sin\theta)\rho d\rho.$$

(2)极点 O 在区域 D 的边界上，D 是由 $\theta=\alpha$，$\theta=\beta$，$\rho=\rho(\theta)$ 围成，这时

$$\iint_D f(\rho\cos\theta, \rho\sin\theta)\rho d\rho d\theta=\int_\alpha^\beta d\theta\int_0^{\rho_2(\theta)} f(\rho\cos\theta, \rho\sin\theta)\rho d\rho.$$

(3)极点 O 在区域 D 内部，D 是由 $\rho=\rho(\theta)$ 围成，这时

$$\iint_D f(\rho\cos\theta, \rho\sin\theta)\rho d\rho d\theta=\int_0^{2\pi} d\theta\int_0^{\rho_2(\theta)} f(\rho\cos\theta, \rho\sin\theta)\rho d\rho.$$

例 8-4 计算二重积分 $\iint_D (x+y)d\sigma$，其中区域 $D=\{(x, y)\mid x^2+y^2\leqslant 2x\}$.

【解】积分区域(图 8-13)，可用极坐标来计算

$$\begin{aligned}\iint_D (x+y)d\sigma &= \int_{-\frac{\pi}{2}}^{\frac{\pi}{2}} d\theta\int_0^{2\cos\theta}(\rho\cos\theta+\rho\sin\theta)\rho d\rho\\ &=\frac{8}{3}\int_{-\frac{\pi}{2}}^{\frac{\pi}{2}}(\cos^4\theta+\sin\theta\cos^3\theta)d\theta\\ &=\pi\end{aligned}$$

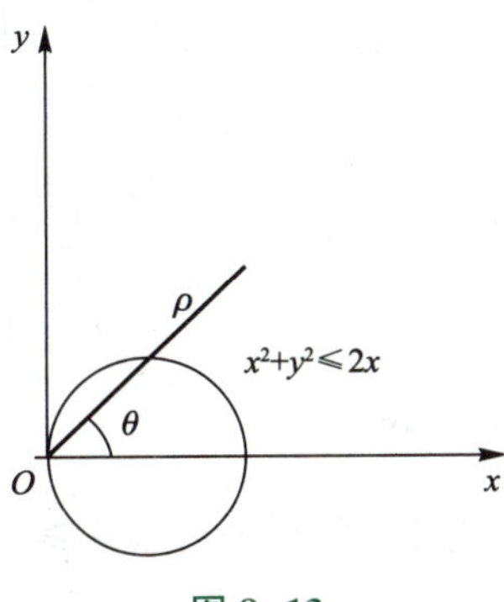

图 8-13

例 8-5 计算 $\iint_D e^{-x^2-y^2}d\sigma$，其中 D 是由圆心在原点，半径为 a 的圆周所围成的闭区域.

【解】 用极坐标系计算二重积分，

$$\begin{aligned}\iint_D e^{-x^2-y^2}d\sigma &= \int_0^{2\pi}d\theta\int_0^a e^{-\rho^2}\rho d\rho\\ &=\int_0^{2\pi}\left(-\frac{1}{2}e^{-\rho^2}\right)\Big|_0^a d\theta\\ &=\frac{1}{2}(1-e^{-a^2})\int_0^{2\pi}d\theta\\ &=\pi(1-e^{-a^2})\end{aligned}$$

以上例题我们发现，当积分区域 D 的边界为圆、圆环或它们的一部分，或者被积函数用极坐标表示更简单时，需要考虑极坐标来计算二重积分．

习题 8.2

1. 计算下列二重积分．

(1) $\iint\limits_D (x^2+y^2)\mathrm{d}\sigma$，其中 $D=\{(x, y)\,|\,|x|<1, |y|<1\}$．

(2) $\iint\limits_D (2x+y)\mathrm{d}\sigma$，其中 D 由两坐标轴及直线 $x+y=1$ 所围成的闭区域．

2. 在直角坐标系下计算下列二重积分．

(1) $\iint\limits_D x\sqrt{y}\mathrm{d}\sigma$，其中 D 为曲线 $y=x^2$，$x=y^2$ 所围成的闭区域．

(2) $\iint\limits_D xy\mathrm{d}\sigma$，其中 D 为直线 $y=-x$ 及曲线 $y=\sqrt{1-x^2}$，$y=\sqrt{x-x^2}$ 所围成的闭区域．

(3) $\iint\limits_D \mathrm{e}^{x^2}\mathrm{d}\sigma$，其中 D 为曲线 $y=x^3$ 与直线 $y=x$ 在第一象限内所围成的闭区域．

3. 改换下列二次积分的积分次序．

(1) $\int_0^1 \mathrm{d}y\int_0^y f(x, y)\mathrm{d}x$；　　(2) $\int_0^2 \mathrm{d}y\int_{y^2}^{2y} f(x, y)\mathrm{d}x$；

(3) $\int_0^1 \mathrm{d}y\int_{-\sqrt{1-y^2}}^{\sqrt{1-y^2}} f(x, y)\mathrm{d}x$；　　(4) $\int_1^2 \mathrm{d}x\int_{2-x}^{\sqrt{2x-x^2}} f(x, y)\mathrm{d}y$；

(5) $\int_{-1}^1 \mathrm{d}x\int_{-\sqrt{1-x^2}}^{1-x^2} f(x, y)\mathrm{d}y$；　　(6) $\int_0^1 \mathrm{d}y\int_0^{2y} (x, y)\mathrm{d}x+\int_1^3 \mathrm{d}y\int_0^{3-y} f(x, y)\mathrm{d}x$．

4. 在极坐标系下计算下列二重积分．

(1) $\iint\limits_D \dfrac{x+y}{x^2+y^2}\mathrm{d}\sigma$，其中 $D=\{(x, y)\,|\,x^2+y^2\leqslant 1, x+y\geqslant 1\}$．

(2) $\iint\limits_D x\mathrm{d}\sigma$，其中 $D=\{(x, y)\,|\,x^2+y^2\leqslant 1, y-x\leqslant 0\}$．

(3) $\iint\limits_D \mathrm{e}^{x^2+y^2}\mathrm{d}\sigma$，其中 D 为圆周 $x^2+y^2=4$ 所围成的闭区域．

8.3　二重积分的应用

二重积分也相应地有元素法，我们以求 $z=f(x, y)$ 为顶，区域为 D 的曲顶柱体为例：将 D 任意分割成若干小块，从中任取一块，并设为 $\mathrm{d}\sigma$，(x, y) 为其中一点，那么有 $\mathrm{d}\sigma$

上的部分量 $\Delta V=f(x, y)\mathrm{d}\sigma$，事实上，$\Delta V$ 与 $f(x, y)\mathrm{d}\sigma$ 的差为 $\mathrm{d}\sigma$ 的高阶无穷小，从而称 $f(x, y)\mathrm{d}\sigma$ 为量 V 的元素，且记为 $\mathrm{d}V=f(x, y)\mathrm{d}\sigma$，在区域 D 上积分，得：$V=\iint\limits_D \mathrm{d}v=\iint\limits_D f(x, y)\mathrm{d}\sigma$.

8.3.1　曲面的面积

设曲面 S：$z=f(x, y)$ 定义在 xOy 平面上的区域 D 上，并且 $f(x, y)$ 在 D 上有连续的偏导数，现计算 S 的面积．

现将闭区域 D 任意划分为若干小块，从中任取一块 $\mathrm{d}\sigma$，从小曲面 $\mathrm{d}\sigma$ 中任取一点 $P(x, y)$，相应地得到 S 上的一点 $N(x, y, f(x, y))$，过 N 点作 S 的切平面 T，又以 $\mathrm{d}\sigma$ 的边界为准线作母线平行于 z 轴的柱体．该柱体截 S 得 S 上的一小块曲面 $\mathrm{d}s$，截 T 得 T 上一小块面 $\mathrm{d}A$，由于 $\mathrm{d}\sigma$ 很小，因而可用 $\mathrm{d}A$ 来代替 $\mathrm{d}s$，已知 T 的法向向量为 $\bar{\boldsymbol{n}}=\{f(x, y), f_y(x, y), -1\}$ 设 γ 为法向量与 z 轴正向的夹角，从而 $|\cos\gamma|=\dfrac{1}{\sqrt{1+f_x{}^2(x, y)+f_y{}^2(x, y)}}$.

另外，不难知道，T 与 $\mathrm{d}\sigma$ 的夹角也为 γ，因此，$\mathrm{d}A=\dfrac{\mathrm{d}\sigma}{|\cos\gamma|}$.

所以

$$\mathrm{d}A=\sqrt{1+f_x^2(x, y)+f_x^2(x, y)}\,\mathrm{d}\sigma,$$

即

$$\mathrm{d}s=\sqrt{1+f_x^2(x, y)+f_y^2(x, y)}\,\mathrm{d}\sigma.$$

这就是曲面面积的元素．

$$S=\iint\limits_D \mathrm{d}s=\iint\limits_D \sqrt{1+f_x^2(x, y)+f_y^2(x, y)}\,\mathrm{d}\sigma.$$

同理：可求定义在 xoz，yoz 平面区域上的曲面面积．

例 8-6　求圆锥 $z=\sqrt{x^2+y^2}$ 被圆柱 $x^2+y^2=x$ 所截部分的面积．

【解】　$S=\iint\limits_D \sqrt{1+(z_x)^2+(z_y)^2}\,\mathrm{d}x\mathrm{d}y$，其中

$$D=\{(x, y)\,|\,x^2+y^2\leqslant x\}$$

$$z=\sqrt{x^2+y^2}\Rightarrow z_x=\frac{x}{\sqrt{x^2+y^2}},\ z_y=\frac{y}{\sqrt{x^2+y^2}}.$$

所以 $\sqrt{1+(z_x)^2+(z_y)^2}=\sqrt{2}$.

因此 $S=\iint\limits_D \sqrt{2}\,\mathrm{d}x\mathrm{d}y=\sqrt{2}\cdot(D\text{ 的面积})=\sqrt{2}\cdot\left(\dfrac{1}{2}\right)^2\pi=\dfrac{\sqrt{2}}{4}\pi$.

8.3.2 平面薄片的质心

设一平面薄片占据 xOy 平面上的区域 D，且在点 $(x, y) \in D$ 处的密度为 $\rho(x, y)$，在 D 上连续，求该薄片的质心．

设该薄片的质心坐标为 $(\bar{x}, \bar{y})$ 则应有：$\bar{x}=\dfrac{m_y}{M}$，$\bar{y}=\dfrac{m_x}{M}$ 其中 m_x，m_y 分别为薄片对 x 轴，y 轴的静力矩，M 为其质量，由 8.1 可知 $M=\iint\limits_D \rho(x, y)\mathrm{d}x\mathrm{d}y$，现在的问题是求 m_x，m_y.

将闭区域 D 任意分割成为若干个小区域，从中任取一个 $\mathrm{d}\sigma$ 并从 $\mathrm{d}\sigma$ 中任取一点 (x, y)，由于 $\mathrm{d}\sigma$ 很小，故可认为 $\mathrm{d}\sigma$ 上质量集中在 $P(x, y)$ 点上，从而对 x 轴，y 轴的静力矩的部分量为 $x_P\rho(x, y)\mathrm{d}\sigma$ 和 $y_P\rho(x, y)\mathrm{d}\sigma$，它们即为 m_x 和 m_y 的元素 $\mathrm{d}m_x$ 和 $\mathrm{d}m_y$，即

$$\mathrm{d}m_x=x_P\rho(x, y)\mathrm{d}\sigma,\ \mathrm{d}m_y=y_P\rho(x, y)\mathrm{d}\sigma,$$

所以

$$m_x=\iint\limits_D x\rho(x, y)\mathrm{d}\sigma,\ m_y=\iint\limits_D y\rho(x, y)\mathrm{d}\sigma.$$

因此薄片的质心坐标为 $\bar{x}=\dfrac{\iint\limits_D x\rho(x, y)\mathrm{d}\sigma}{\iint\limits_D \rho(x, y)\mathrm{d}\sigma}$，$\bar{y}=\dfrac{\iint\limits_D y\rho(x, y)\mathrm{d}\sigma}{\iint\limits_D \rho(x, y)\mathrm{d}\sigma}$.

从以上公式知，当 $\rho(x, y)$ 为常数时，有：

$\bar{x}=\dfrac{1}{A}\iint\limits_D x\mathrm{d}\sigma$，$\bar{y}=\dfrac{1}{A}\iint\limits_D y\mathrm{d}\sigma$ 其中 $A=\iint\limits_D \mathrm{d}\sigma$ 为 D 的面积．

这时，质心只与 D 的形态有关，而与其他无关，因此也称为 D 的形心．

例 8-7 求均匀密度的半椭圆 $\dfrac{x^2}{a^2}+\dfrac{y^2}{b^2}\leqslant 1$，$y\geqslant 0$ 的质心．

【解】 根据对称性，不难知 $\bar{x}=0$ 下面求 $\bar{y}$

$$\bar{y}=\frac{\iint\limits_D y\mathrm{d}\sigma}{\iint\limits_D \mathrm{d}\sigma}=\frac{\int_{-a}^{a}\mathrm{d}x\int_0^{b\sqrt{1-\frac{x^2}{a^2}}}y\mathrm{d}y}{\int_{-a}^{a}\mathrm{d}x\int_0^{b\sqrt{1-\frac{x^2}{a^2}}}\mathrm{d}y}$$

$$=\frac{\frac{1}{2}\int_{-a}^{a}\left(b\sqrt{1-\frac{x^2}{a^2}}\right)^2\mathrm{d}x}{\int_{-a}^{a}b\sqrt{1-\frac{x^2}{a^2}}\mathrm{d}x}$$

$$= \frac{\frac{2}{3}ab^2}{\frac{ab}{2}\pi} = \frac{4}{3} \cdot \frac{b}{\pi}$$

所求质心为$\left(0, \frac{4b}{3\pi}\right)$.

8.3.3　平面薄片的转动惯量

设某平面薄片占有 xOy 平面上的区域 D，且在点$(x, y) \in D$ 处具有密度 $\rho(x, y)$，假定$\rho(x, y)$在 D 上连续，求此薄片对于 x 轴，y 轴及坐标原点的转动惯量.

其方法同前面二个相似，这里不再过多描述，则三种惯量为：

$$I_x = \iint_D y^2\rho(x, y)\mathrm{d}\sigma,\ I_y = \iint_D x^2\rho(x, y)\mathrm{d}\sigma$$

$$I_0 = \iint_D (x^2 + y^2)\rho(x, y)\mathrm{d}\sigma$$

例 8-8　求密度均匀的圆环 D：$R_1^2 \leqslant x^2+y^2 \leqslant R_2^2$ 对于 x 轴的转动惯量.

【解】

$$I_x = \iint_D y^2\rho(x, y)\mathrm{d}\sigma = \int_0^{2\pi}\mathrm{d}\theta\int_{R_1}^{R_2}\rho r^2\sin^2\theta r\mathrm{d}r$$

$$= \rho\int_0^{2\pi}\sin^2\theta\,\frac{1}{4}(R_2^4 - R_1^4)\mathrm{d}\theta$$

$$= \frac{\pi}{4}\rho(R_2^4 - R_1^4)$$

$$= \frac{m}{4}(R_2^2 + R_1^2)\text{（}m\text{ 为圆环的质量）}.$$

习题 8.3

1. 求由 $y=\sqrt{2px}$，$x=x_0$，$y=0$ 所围成的均匀薄片的质心.

2. 设平面薄片所占的闭区域有曲线 $y=x^2$ 及直线 $y=x$ 所围成，它在点(x, y)处的面密度为 $\rho(x, y)=x^2y$，求该薄片的质心.

3. 设均匀薄片的面密度为常数 ρ，所占闭区域由抛物线 $y^2=\frac{9}{2}x$ 与直线 $x=2$ 所围成，求该薄片关于 x 轴和 y 轴的转动惯量.

复习题 8

1. 利用二重积分的几何意义计算二重积分 $\iint\limits_D 5\mathrm{d}\sigma$，其中 $D=\left\{(x, y)\left|\frac{x^2}{4}+\frac{y^2}{3}\leqslant 1\right.\right\}$.

2. 计算二重积分 $\iint\limits_D x\mathrm{d}\sigma$，其中 D 为由直线 $x+y=1$，$x-y=1$，$x=0$ 围成的闭区域.

3. 设 D 是以 $(0, 0)$，$(1, 0)$，$(1, 1)$，$(0, \frac{1}{2})$ 为顶点的四边形，计算 $\iint\limits_D (2+x)y\mathrm{d}\sigma$.

4. 设 $D=\{(x, y)\mid |x|+|y|\leqslant 1\}$，求 $\iint\limits_D \mathrm{e}^{x+y}\mathrm{d}\sigma$.

5. 求证：$\int_0^a \mathrm{d}y\int_0^y f(x)g'(y)\mathrm{d}x=\int_0^a f(x)[g(a)-g(x)]\mathrm{d}x$.

6. 把 $I=\iint\limits_{x^2+y^2\leqslant 2x} f\left(x^2+y^2, \arctan\frac{y}{x}\right)\mathrm{d}x\mathrm{d}y$ 化为极坐标系下的二次积分.

7. 选用适当坐标计算.

(1) $\iint\limits_D x\mathrm{d}\sigma$，$D$ 是由 $x=-\sqrt{1-y^2}$，直线 $y=-1$，$y=1$ 和 $x=-2$ 围成.

(2) $D=\left\{(x, y)\left|0\leqslant y\leqslant \sin x, 0\leqslant x\leqslant\frac{\pi}{2}\right.\right\}$，求 $I=\iint\limits_D (y-x)\mathrm{d}\sigma$.

(3) $\iint\limits_D \frac{x+y}{x^2+y^2}\mathrm{d}x\mathrm{d}y$，其中 D 为 $x^2+y^2\leqslant 1$，$x+y\geqslant 1$.

8. 设均匀薄片所占区域 D 为：$x^2+y^2\leqslant 1$，$y\geqslant 0$ 求其重心坐标.

9. D 为 $y=x^2$ 和 $y=1$ 围成，求均匀薄片 D 对于 x 轴的转动惯量.

10. 半径为 a 的均匀半圆薄片对于其直径所在边的转动惯量.

学海乐园　微积分的作用及意义

微积分是数学的一个基础学科，内容主要包括极限、微分学、积分学及其应用. 微分学包括求导数的运算，是一套关于变化率的理论. 它使得函数、速度、加速度和曲线的斜率等可用一套通用的符号进行讨论.

微积分学的创立，极大地推动了数学的发展，过去很多用初等数学无法解决的问题，运用微积分往往可以迎刃而解，显示出微积分学的非凡威力．17 世纪以来，微积分的概念和技巧不断扩展并被广泛应用于解决天文学、物理学中的各种实际问题，取得了巨大的成就．但直到 19 世纪以前，在微积分的发展过程中，其数学分析的严密性问题一直没有得到解决．

在微积分学创立的初期，偏导数的朴素思想多次出现在力学的研究上．在那个时期，一元函数的导数与偏导数没有明显地被区分开，人们只注意到其物理意义不同．偏导数是在多自变量的函数中，考虑其中某一个自变量变化的规律．

这个问题一直到 19 世纪下半叶才由法国数学家柯西完整地解决．柯西极限存在准则为微积分注入了严密性，这就是极限理论的创立．极限理论的创立使得微积分从此建立在一个严密的分析基础之上，也为 20 世纪数学的发展奠定了基础．

第八章　重积分练习题

参考文献

[1] 赵树嫄．微积分[M]．北京：中国人民大学出版社，2021.

[2] 高世臣．高等数学[M]．北京：北京教育出版社，2008.

[3] 巫小勇．高等数学[M]．郑州：郑州大学出版社，2021.

[4] 杨威．高等数学[M]．兰州：兰州大学出版社，2023.

[5] 同济大学数学系．高等数学：第7版：上册[M]．北京：高等教育出版社，2016.

[6] 同济大学数学系．高等数学：第7版：下册[M]．北京：高等教育出版社，2015.

[7] 张天德，赵树欣．高等数学：慕课版[M]．哈尔滨：哈尔滨工业大学出版社，2020.

[8] 朱永银，韩飞．应用经济数学[M]．长沙：湖南师范大学出版社，2011.

[9] 郭运瑞．高等数学[M]．成都：西南交通大学出版社，2010.